高分解度泥炭土工程特性及其地基处理典型案例

桂　跃等　著

科学出版社
北　京

内 容 简 介

高分解度泥炭土又称为无定形泥炭土，是有机质主要组分为腐殖物质的泥炭土。它在斯里兰卡、印尼、马来西亚等南亚、东南亚国家广泛分布，我国南方地区也较为常见。昆明和大理市是我国为数不多的市区下伏深厚泥炭土的城市。由于特殊的地理位置和高原气候，环滇池、洱海区域属古代大片湖沼区，泥炭土层深厚。随着城市开发建设力度加大，诸如城中村改造、滇池下穿隧道、绕城高速等重大工程在建或拟建，越来越多地碰到泥炭土等软土软基问题。本书重点介绍环滇池及洱海区域的高分解度泥炭土工程特性，主要内容包括泥炭土物理力学性质统计指标特点及相关性分析、一维固结及次固结特性、渗透特性及直剪抗剪强度特性，以及斯里兰卡高速公路建设中成功运用砂桩、碎石桩、塑料排水板联合超载预压处理深厚泥炭土路基的珍贵案例。

本书是一部介绍高分解度泥炭土工程性质研究领域新成果的专著，可供勘察、岩土设计及施工相关专业的研究人员参考使用。

图书在版编目(CIP)数据

高分解度泥炭土工程特性及其地基处理典型案例 / 桂跃等著.—北京:科学出版社, 2022.4（2023.3 重印）
ISBN 978-7-03-064677-4

Ⅰ.①高… Ⅱ.①桂… Ⅲ.①泥炭土-地基处理-案例 Ⅳ.①TU472

中国版本图书馆 CIP 数据核字（2020）第 041673 号

责任编辑：陈 杰 / 责任校对：彭 映
责任印制：罗 科 / 封面设计：墨创文化

科学出版社出版
北京东黄城根北街16号
邮政编码：100717
http://www.sciencep.com

成都锦瑞印刷有限责任公司印刷
科学出版社发行 各地新华书店经销
*
2022年4月第 一 版 开本：787×1092 1/16
2023年3月第二次印刷 印张：7
字数：163 000

定价：88.00 元
（如有印装质量问题，我社负责调换）

本书撰写人员

桂　跃　余志华　王　洋　张　奇

付　坚　王剑非　裴利华　张延杰

邓边员　卢丽娟　方　超　徐其富

许海岩　刘　甜

前　言

泥炭土是湿地沼泽中死亡的水生植物残体在适宜的气候及地形条件下，经过微生物分解形成腐殖质，腐殖质将未分解的植物根茎与土壤无机矿物黏结并不断积累，最终形成的混合土体。泥炭土具有有机质含量高、天然含水率高、天然孔隙比大、天然密度小、土颗粒相对密度小、压缩性显著、抗剪强度低的特点，属于特殊土范畴。针对泥炭土的工程性质国内外已有大量研究成果，但仍有很多问题值得深究，尤其是对高分解度泥炭土的工程性质研究较少。本书主要介绍笔者课题组近年来对高分解度泥炭土工程性质研究的相关成果，包括以下几个方面。

(1) 高分解度泥炭土物理性质指标统计特性、概率模型及指标相关性研究。广泛收集昆明地区的工程资料，研究泥炭土的物理性质指标的统计特征及概率模型；明确泥炭土的物理性质指标间的相关性及经验关系，明确有机质含量对泥炭土物理性质指标的影响规律。

(2) 高分解度泥炭土固结变形特性及机理分析。以昆明、大理地区典型高原湖相泥炭土为研究对象，系统分析高原湖相泥炭土在荷载作用下固结系数及次固结系数随固结压力的变化规律及机理，并分析了不同场地、深度、扰动状态、加荷方式等因素的影响。

(3) 高分解度泥炭土轴向卸荷回弹变形特性研究。采用分级卸荷及一次性完全卸荷两种卸荷方式，研究了不同卸荷条件下泥炭土的回弹变形特性。

(4) 高分解度泥炭土一维固结渗透特性研究。收集昆明、大理市不同场地泥炭土样品，利用改装一维固结渗透仪进行大量室内实验，分析了固结时长、应力水平、烧失量等因素对泥炭土渗透特性的影响规律，得到泥炭土的渗透模型。

(5) 高分解度泥炭土三轴固结渗透特性研究。采用三轴剪切渗透仪对泥炭土采用等向固结，然后利用常水头渗透法测不同围压下应力 σ 对渗透系数 k 的影响规律，并将之与一维固结渗透系数变化规律进行对比，分析其中的异同。

(6) 高分解度泥炭土工程性质初始各向异性特性研究。对高原湖相泥炭土原状样分别在与沉积面水平、45°、垂直方向取样（θ 取 0°、45° 和 90°），采用常规固结仪进行一维固结实验，得到原状泥炭土在三个取样方向上的变形规律，分析有机质含量对泥炭土压缩性质和固结性质各向异性的影响。通过直接剪切实验，测定泥炭土在不同取样方向上的抗剪强度，对泥炭土抗剪强度各向异性进行分析，得到抗剪强度指标各向异性与有机质含量的影响关系。利用渗透实验仪进行变水头渗透实验，测定不同角度切取的泥炭土试样的渗透系数，分析泥炭土内部孔隙的分布规律及其对渗透各向异性的影响。

(7) 高分解度泥炭土软土地基处理案例。以斯里兰卡 CKE 道路为依托，报道了采用塑料排水板、砂桩、碎石桩、预制方桩四种方式与砂垫层、透水土工布、土工格栅和堆载预压相结合处理高分解度泥炭土地基的典型工程案例。

本书受到国家自然科学基金项目(NO.51568030、NO.51768027、NO.52068039)和云南省科技厅重点研发计划子课题(NO.2018BC013)的资助。由于作者水平有限，书中难免存在不妥之处，敬请专家和读者不吝指正。

目　　录

第一章 绪 论

1.1 研究目的与意义

泥炭土(泥炭和泥炭质土)是由无机矿物质土颗粒、腐殖质以及残余纤维等组成的特殊土[1]，是湿地沼泽中死亡的水生植物残体在适宜的气候及地形条件下，经过微生物分解形成腐殖质，腐殖质将未分解的植物根茎与土壤无机矿物黏结并不断积累，最终形成的混合土体。据统计，泥炭土在全世界59个国家和地区有分布，分布统计详见图1.1，总面积超过$415.3\times10^4km^2$，我国泥炭土的分布面积约$4.2\times10^4km^2$[2]，主要分布于我国东北及西南地区，集中且埋藏浅。泥炭土储量超过10^8t的地区有四川、云南、吉林及西藏等10省(区、市)，共占据全国总量的92%。

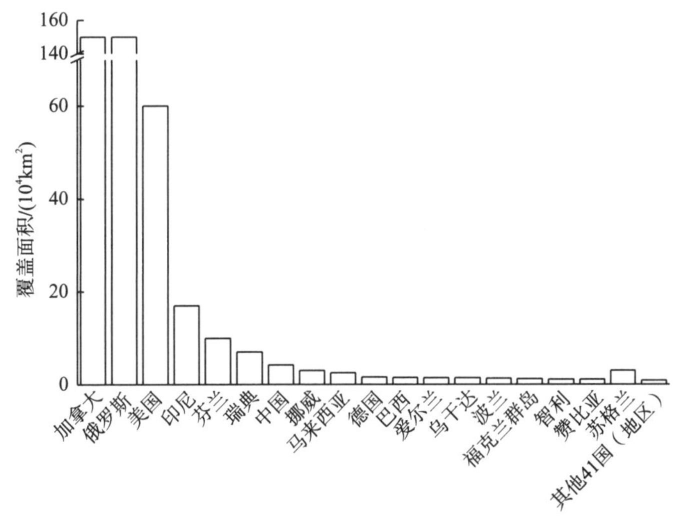

图1.1 全球泥炭土分布面积图[2]

因植物残体种类、环境温度及分解度的差异，不同地区泥炭土差别较大[3-7]。通常，形成历史较短的泥炭土，一般纤维含量较多；随着分解度的增大，泥炭土中纤维状结构逐渐消失，取而代之的是由腐殖质胶体等组成的致密结构，其化学组分也随之发生变化。对泥炭土进行分类，有助于对地区性泥炭土物理化学特性进行精确的描述。

按照不同的分类标准，泥炭土可以划分为不同的种类。美国材料与测试协会(American Society for Testing and Materials，ASTM)根据纤维含量、灰分含量、酸度三个指标将泥炭土划分为不同组别(表1.1)。除此之外，另一个应用较广的是冯·波斯特分类系统(Von Post Classification System)[6]，该系统基于泥炭土的物理化学特性，根据泥炭土的物质组成、有机质分解度以及颜色进行分类。

表 1.1 ASTM 泥炭土划分标准

划分依据	泥炭土分类	详细描述
纤维含量	纤维泥炭土	纤维含量＞67%
	半纤维泥炭土	33%≤纤维含量≤67%
	高分解度泥炭土	纤维含量＜33%
灰分含量	低灰分泥炭土	灰分含量＜5%
	中等灰分泥炭土	5%≤灰分含量≤15%
	高灰分泥炭土	灰分含量＞15%
pH	高酸性泥炭土	pH＜4.5
	中酸性泥炭土	4.5≤pH＜5.5
	微酸性泥炭土	5.5≤pH＜7
	一般泥炭土	pH≥7

由于特殊的地理位置和高原气候，云南省有 108 个县揭露泥炭土[8]。我国泥炭土大都分布在远离市区的沼泽和森林地区，和人类工程活动关联不多。昆明和大理市是为数不多的市区下伏深厚泥炭土的城市。由于特殊的地理位置和高原气候，环滇池、洱海区域属古代大片湖沼区，泥炭土土层广泛分布。云南省泥炭资源量全国排名第二，以草本泥炭为主，有机质含量中—高(21%～85%)、分解度中—高、纤维含量 23%～46%，局部 90%以上[9]。环滇池、洱海地区是昆明和大理市城市发展的核心区域。2000 年以来，城市开发建设力度加大，诸如城中村改造、轨道交通、滇池下穿隧道、绕城高速等重大工程已建、在建或拟建，使得对泥炭土工程性质的认识研究有更高的要求。

1.2 泥炭土的工程性质研究现状

1.2.1 泥炭土的物理性质研究现状

从土的工程特性角度看，泥炭土具有有机质含量高、天然含水率高、天然孔隙比大、天然密度小、土颗粒相对密度小、压缩性显著、抗剪强度低的特点。Ajlouni[10]曾测得泥炭土的含水率高达 2000%，而普通黏土却罕有超过 200%的。密度是物质本身固有的属性。通过采集泥炭土样本，Huat[11]获得马来西亚泥炭土天然密度介于 0.83～1.15 g/cm^3，泥炭土的天然密度极低。矿物质成分越少，则天然密度越小。Ajlouni[10]获得了泥炭土的相对密度的分布介于 1.3～1.8，相对密度的特点与天然密度类似，与分解度及矿物质含量有关，具有正相关性，与有机质含量的关系则为负相关性。由孔隙比特性可直观认识泥炭土与一般软土的差异，Hanrahan[12]得出泥炭土的孔隙比变化范围为 5～15，而纤维质泥炭土的孔隙比高达 25。泥炭土具有较高的孔隙比，这决定了其具有高压缩性；孔隙体积大也增加了孔隙连通性，这也决定了纤维质泥炭土具有强透水性[13]。Hobbs[14]指出，对泥炭土的全面描述除了颜色、腐殖化程度、含水率等，还应纳入有机质含量指标。实际上，有机质的变化直接影响了泥炭土物质组成、土体结构及所有物理力学指标特性。Huat[11]指出有机成分的腐化含量可改变其抗剪强度、压缩性及渗透性。Oades[15]也曾指出具有较高比表面积及表面电荷聚集的腐殖质对土体的理化特性有重要影响。谷任国和房营光[16]通过直剪蠕变仪对有机质及黏土矿物的研究认为，微小的有机质颗粒能吸附大量的表面电荷，这就使得土团聚颗粒的双电层增厚，尤其增加了强结合水含量。有研究认为[17]，增加 1%的有机质含量，相当于黏粒含量增加 1.5%。刘飞等[18]对吉林敦化的高有机质土进行的分解程度测试、固结变形特性及渗透性实验研究表明，有机质分解程度直接影响了土体结构性及压缩特性。

1.2.2 泥炭土渗透特性研究现状

Hemond 和 Goldman[19]、Ingram 等[20]、Rycroft 等[21]、Romanov[22]等的研究表明，达西定律仅适用于一些浅层以及低分解度泥炭土，他们分析了两种可能导致深层泥炭土偏离达西定律的原因：第一种，泥炭土结构在渗透水头下保持不变，而水流速度 v 随水力梯度 i 或者水头高度 h 非线性变化；第二种，深层泥炭土结构随着水力梯度 i 或者水头高度 h 非线性变化，从而导致其偏离达西定律。

由于泥炭土特殊的结构以及超大的孔隙比，对于泥炭土渗透系数是否存在以及其测量方法在学术界还存在一些争议，但是许多学者还是利用传统测试方法对泥炭土的渗透特性进行了研究。Chason 和 Siegel[23]通过查阅文献所得的泥炭土渗透系数的变化范围如图 1.2 所示。从图 1.2 中可以看到，泥炭土的渗透系数 k 变化范围为 10^{-1}～10^{-7}cm/s，集中分布在 10^{-3}～10^{-5}cm/s。

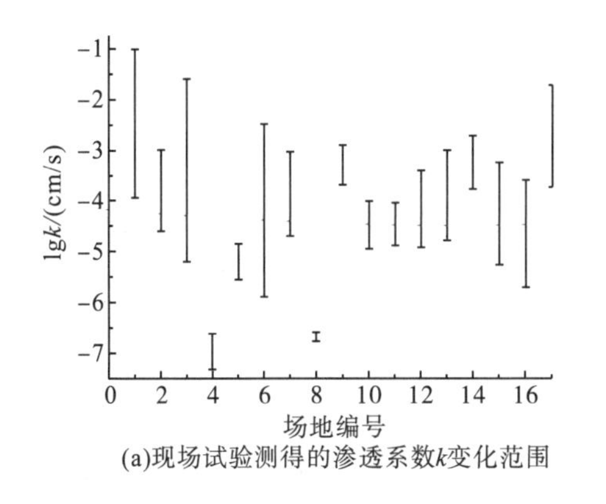

(a)现场试验测得的渗透系数*k*变化范围

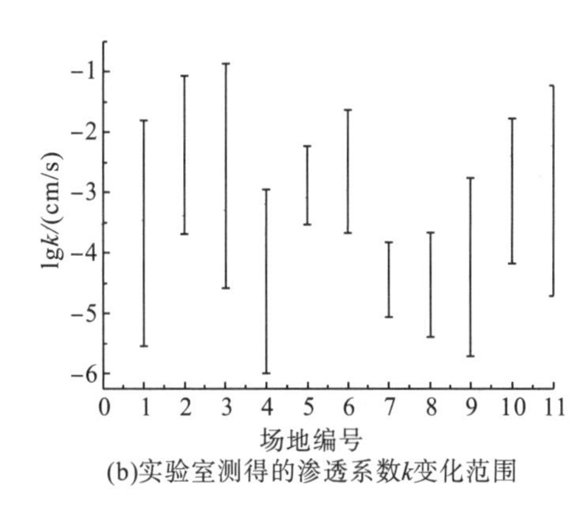

(b)实验室测得的渗透系数*k*变化范围

图 1.2 泥炭土现场实验与室内实验测定渗透系数变化图[23]

Rycroft 等[21]搜集了 6 个不同课题组对不同分解度的泥炭土渗透系数的测定结果，并在冯•波斯特分类系统下，对不同分解度级别的泥炭土渗透系数分布进行分析，结果显示泥炭土渗透系数 k 随着分解度的增加而减小。大多数完全分解的泥炭土渗透系数值往往处于最低值，而含大量莎草及芦苇的纤维泥炭土的渗透系数 k 较高。不同的渗透系数对应泥炭土不同的分解度。

Boelter[24]通过对明尼苏达州沼泽泥炭土进行渗透实验，发现泥炭土渗透系数 k 与纤维含量以及天然重度之间存在对数线性关系。k 随纤维含量以及天然重度 γ 增大而增大，其对数线性相关性系数 R^2=0.54。k 值变化范围为从高分解度泥炭土的 10^{-5}cm/s 到纤维泥炭土的 10^{-2}cm/s。

在对泥炭土渗透性各向异性的研究上，早期人们一般认为水平向渗透系数要大于竖直向渗透系数，主要原因就是泥炭土中植物残体的排列方向只允许水平向的水流拥有更大的速度；然而 Weaver 和 Speir[25]在对沼泽泥炭土的研究中发现其竖向渗透系数值是水平向渗透系数的 3 倍；Boelter[26]在他的实验研究中发现泥炭土水平向渗透系数 k 与竖直向渗透系数(表 1.2)并没有显示出较大的差别。O' Kelly[27]对爱尔兰原状泥炭土样等渗透系数进行了一维固结下的变化规律研究，并对比了渗透系数原位实验与室内测试结果的差异，结果表明，爱尔兰泥炭土初始渗透系数为 10^{-7}～10^{-8}cm/s，原位测试渗透系数较室内实验大 1～2 个量级。

表 1.2　不同泥炭土渗透系数随测试方法及渗透流向变化表[26]

泥炭土类型	现场实验		实验室测试	
	水平向 k/(cm/s)	竖直向 k/(cm/s)	水平向 k/(cm/s)	竖直向 k/(cm/s)
纤维泥炭土	3.81×10^{-2}	6.20×10^{-2}	1.50×10^{-1}	9.59×10^{-2}
半纤维泥炭土	1.39×10^{-4}	5.08×10^{-4}	1.32×10^{-3}	5.65×10^{-4}
部分分解泥炭土	1.11×10^{-5}	8.50×10^{-6}	1.47×10^{-4}	3.86×10^{-5}
泥炭	7.50×10^{-6}	7.50×10^{-6}	3.11×10^{-4}	2.98×10^{-4}

此外 Lefebvre 等[28]利用渗压仪，采用变水头法测定了加拿大 2 个不同场地泥炭土的渗透系数，并分析了压缩过程中孔隙比与渗透系数的关系，得出了不同场地的渗透指数变化情况。

Mesri 和 Ajlouni[2]通过统计前人文献，总结归纳了纤维泥炭土的 e-lg$k$ 模型，得出了渗透指数 C_k 与初始孔隙比 e_0 的关系，并指出纤维泥炭土结构的各向异性导致渗透系数的各向异性，横向初始渗透系数 k_{h0} 有可能比竖向初始渗透系数 k_{v0} 大 10 倍。

Hayashi 等[29]通过对日本 4 个不同产地泥炭土进行现场渗透实验及室内实验，分析认为日本泥炭土渗透指数与初始孔隙比的关系为：$C_k=0.12e_0+0.85$。水平向渗透指数 C_{kh} 与竖向渗透指数 C_{kv} 值为 0.8～1.2。

在我国，徐燕[30]对吉林地区草炭土进行室内渗透实验，对草炭土在不同固结压力下渗透系数的变化规律进行了讨论。张扬[31]通过大量室内实验对昆明滇池泥炭土的渗透特性及本构模型进行了研究。

目前学术界普遍认为土体渗透系数影响因素有两个方面：土颗粒骨架状态和流体性质[32]。对泥炭土而言，其有机质含量及分解度不同会导致物理力学性质上的极大差异。综合国内外对泥炭土渗透特性的研究进展来看，目前的成果主要集中在对纤维泥炭土的讨论和研究上，对于高原湖相泥炭土这种分解度较高的泥炭土一直缺乏综合性的渗透实验分析研究。

1.2.3 泥炭土各向异性特性研究现状

泥炭土中有机物质主要包括腐殖质、未分解和半分解的残余纤维及微生物体。腐殖质是一类组成和结构都很复杂的天然高分子聚合物，其主体是各种腐殖酸及其与金属离子相结合的盐类。通常情况下，腐殖质在土壤中较少有游离状态存在，大部分与矿物质土颗粒(尤其是黏粒)通过范德华力、氢键、静电吸附、阳离子键桥等交互作用形成团聚体，即腐殖质-矿质复合体，这些复合体是土体的核心组成单元[33, 34]，腐殖质-矿质复合体中的微孔隙和复合体之间的大孔隙形成泥炭土特殊的双层孔隙结构。残余纤维是未分解及部分分解的植物残体，其长度从微米至数厘米不等。据现场观测及实验室电镜扫描等微观分析[35, 36]，天然状态下泥炭土中残余纤维多数在水平沉积层面中分布，随机交织成网状，垂直方向没有明显的层理(图 1.3)，这是沉积过程中受到重力作用及固结过程中的大变形所致。

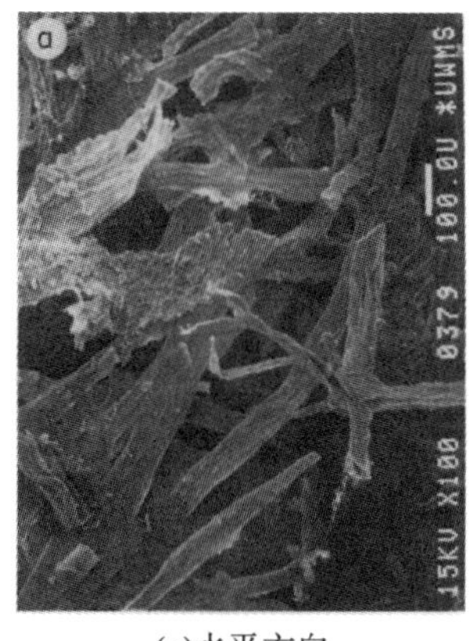

(a)水平方向

(b)垂直方向

图 1.3 Middleton 泥炭土电镜扫描图[36]

土作为一种非连续摩擦型散粒体工程材料，除表现非线性、非弹性、压硬性、剪胀性、应力-应变与应力历史和应力路径相关性等诸多特性外，还特别表现出原状土的原生各向异性及复杂应力状态下的应力各向异性[37]。

天然沉积土具有各向异性现象被人们所熟知，泥炭土的各向异性也已为众多学者证实。最具代表性的是日本的 Yamaguchi 等[38]采用常规三轴固结仪对水平和垂直方向取样的 Ohmiya 泥炭土进行等向固结实验，结果如图 1.4 所示。如果是各向同性材料，则轴向应变 ε_v 和体应变 v 满足 $v=3\varepsilon_v$ 线性关系。但实验结果表明水平向泥炭土样数据分布在直线以下，垂直向土样在直线以上，均未与 $v=3\varepsilon_v$ 线重合，说明该泥炭土各向异性显著。

随着经济发展，涉及泥炭土的工程活动越来越多，一系列工程问题，如滑坡、基坑失稳，房屋、道路不均匀沉降等出现，有的还和泥炭土的各向异性有关。例如：加拿大某泥炭土路基段铁路出轨事故[39]，经调查，泥炭土层承受上覆土压力及列车动载，不等向应力促使原状土中残余纤维逐步错位，当剪切面和纤维分布面接近平行时，路基剪切失稳(图 1.5)。某种意义上来说，该事故和泥炭土应力诱发各向异性有关。另外，路基横剖面内部土体实际受力状态是各不相同的，应力的主轴方向并非总是垂直[图 1.6(a)]；而沿路基纵剖面方向更加复杂，土单元体的应力状态随列车的相对位置而改变。车轮接近时，单元体中大主应力方向和水平方向有一定角度；列车在土单元顶部时，大主应力方向为垂直，相对位置较远时，土体单元中的大主应力方向甚至接近水平，即列车荷载作用将引起土单元体中主应力轴发生连续循环旋转，这容易诱发泥炭土应力各向异性。

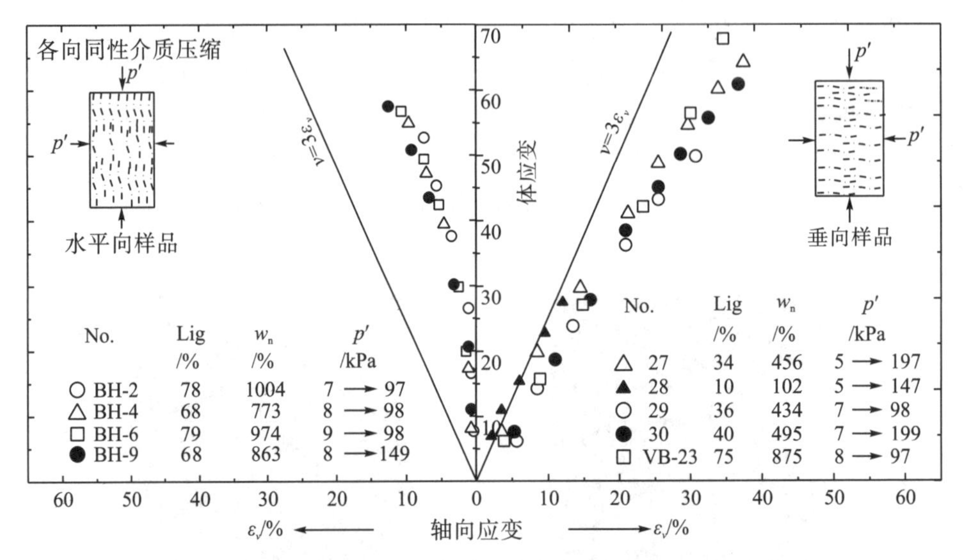

图 1.4　等向固结下 Ohmiya 泥炭土体应变 v 与轴向应变 ε_v 的关系

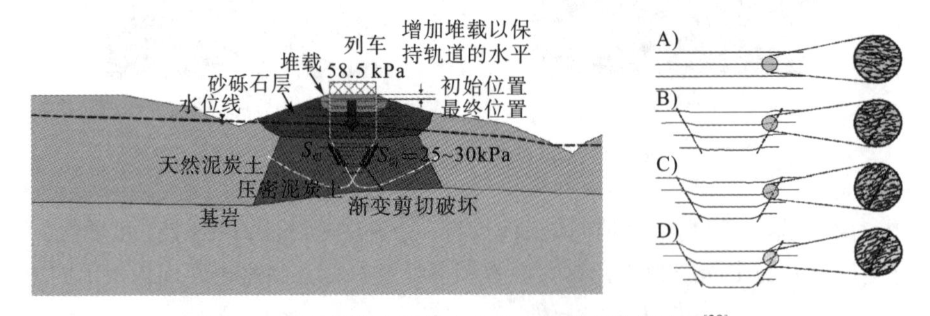

图 1.5　剪切过程中泥炭土残余纤维分布演变过程[39]

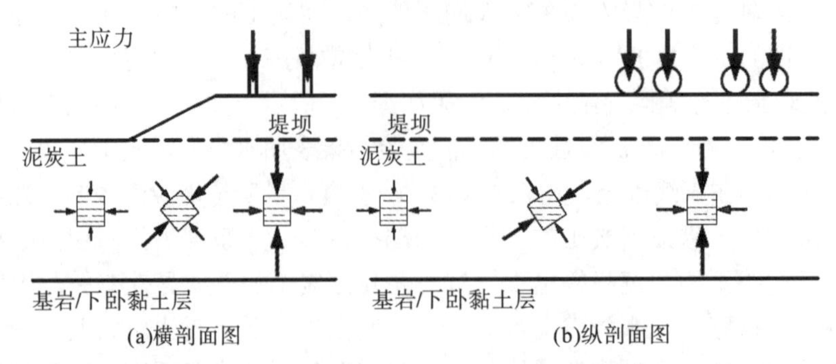

图 1.6　泥炭土残余纤维优势分布方向和空间主应力方向的关系[40]

尽管云南地区泥炭土在近几年得到广泛的研究，但大多数实验研究和工程经验仅考虑了泥炭土垂直方向的工程性质，这对于以承受上部垂直荷载为主的泥炭土地基基础等工程类型来说是合理和准确的，而对于受力状态较为复杂的工程类型，泥炭土工程性质的各向异性可能更为重要。

由此可见，泥炭土物质组分复杂，非均质性和各向异性显著，因此开展对泥炭土各向异性特性的研究是一个具有重要理论价值和现实意义的课题。本书通过一系列室内实验研究了云南高原地区湖相泥炭土原生各向异性对固结变形、抗剪强度及渗透性的效应，从分析泥炭土特殊组分的角度对其各向异性机理进行了探讨，为岩土工程实际问题的解决提供一些有益的参考。

20 世纪 70 年代，随着对土体本构理论的深入研究和大量应用，对土体各向异性研究的实验方法和仪器也日趋成熟，虽然对泥炭土工程特性的研究早于这个时期，但受科技水平的限制，其各向异性的开展一直较为缓慢。到 80 年代左右，砂土等非有机质土的各向异性机制认识开始清晰起来，诸多学者逐渐对富含有机质的泥炭土体各向异性特性产生了强烈的兴趣。

现阶段对泥炭土的各向异性特性的认识主要集中在纤维泥炭土。其通常被认为是横观各向同性材料[41]。土样切割时，竖直方向较难削切，水平方向削切则比较容易，这是对纤维泥炭土正交各向异性最直观的描述[2]。其各向异性还体现在强度、变形及渗透特性等方面。强度方面，Yamaguchi 等[38]通过三轴实验，发现水平土样的有效内摩擦角 φ' 为 51°～55°，垂直方向试样的 φ' 显著降低，只有 35° 左右。渗透特性方面，多数研究表明纤维泥炭土水平向渗透性大于垂直方向。如 Dhowian 和 Edil[42]测试发现泥炭土水平向渗透系数高于垂直向约 300 倍。Paikowsky 等[43]和 Elsayed 等[44]均对 Cranberry Bog 泥炭土进行了常水头渗透实验，得出了水平渗透系数为垂直渗透系数 10 倍左右的结论。O'Kelly[45]对软土和泥炭土进行渗透实验，发现泥炭土的渗透系数比大于软土，并且有机物质含量越高，渗透系数比越大。Hendry 等[41]对原状泥炭土和重塑泥炭土进行了固结不排水三轴实验和直接剪切实验，实验结果表明原状泥炭土具有原生各向异性，而重塑泥炭土随着垂直应变和有效围压的增加，呈现出从各向同性向各向异性转变的特点；分析得出原状泥炭土因水平向分布的泥炭纤维张力而导致原状泥炭土的水平刚度是其垂直刚度的 2.6～2.9 倍。汪之凡等[46]对吉林省草炭土进行渗透实验得到其渗透系数比 $k_{(\theta=90°)}/k_{(\theta=0°)}$ 介于 2.3～2.7。

此外，泥炭土结构松散、孔隙比大、抗剪强度低，荷载作用下容易发生大变形，即土体结构发生重组，和非有机质土相比，泥炭土更容易表现出应力各向异性[47]。Gofar[48]对马来西亚西部纤维泥炭土进行固结实验，通过压缩曲线分析得到了泥炭土在不同压力下水平方向与垂直方向的固结系数，表明泥炭土固结性质各向异性显著，随着固结压力的增大，水平方向与垂直方向的固结系数比也逐渐增大。O'Kelly[27]采用 Rowe Cell 仪器进行了泥炭土渗压特性研究，得出泥炭土渗透系数比随着有效应力的增大也逐渐增大，当有效应力增大到 40kPa 时，渗透系数比值达 2.5。Malinowska 等[49]利用改进的 Rowe Cell 仪器对泥炭土进行了固结渗透实验，得出泥炭土的流动特性是各向异性和非线性的，并取决于孔隙比和水力梯度，室内渗压实验中垂直渗透系数与水平渗透系数差异极大，部分情况下甚至比水平渗透系数低 100 倍。

因纤维泥炭土中含有较多以水平向分布为主的残余纤维，研究者们比较一致地认为其各向异性的机制类似“加筋土”，即残余纤维起到水平向增强体的作用，增强作用越大，则各向异性越显著。实验发现，采用常规三轴仪测得的有效内摩擦角φ'高达 48°～68°[2, 50-53]，而直剪仪或环剪仪所测得的φ'只有 20°～28°[51, 52]。这是因为，三轴压缩条件下，潜在破裂面切过水平面上分布的纤维，纤维拔脱过程中激发了拉拔阻力；而平行于纤维分布方向进行剪切的直剪实验通常被认为不会引起纤维的加筋作用[45, 54]。强度指标上的差异体现了残余纤维的加筋效果。

类比对传统加筋土的认识，推测纤维泥炭土加筋效果和残余纤维的数量、长径比、纤维抗拉强度等因素有关。但由于泥炭土中残余纤维是天然形成的，空间变异性大，难以像传统加筋土一样可人工模拟分析，目前大都是采用对泥炭土进行重塑、净化处理(人为去掉残余纤维)的办法获得重塑样和净化样，再分别进行测试并将测试结果和原状土进行比较，分析三种土样强度、模量、应力-应变关系等的差异，从而评价残余纤维增强效果[41, 55, 56]。

1.3 泥炭土地基处理研究现状

软弱地基加固的主要目的是改善土体的透水性能和力学特性，以增大土体抗剪强度和减小压缩沉降，保证工程建筑和基底的稳定，并控制总沉降尤其是工后沉降量。目前，软基处理的方法甚多，其加固机理、作用和适用范围也不尽相同。泥炭土因其含水量、孔隙比和压缩系数都远大于一般软土，因此泥炭土地基加固处理的方法有其特点，处理的技术难度也比一般软土大得多。

对泥炭土地基的加固处理，根据国内外的报道，常见的处理方式是堆载预压、碎石(砂)桩挤密法、预制桩法等。广东省三(水)茂(名)铁路通过一些沿海泥炭土地段，20 世纪 80 年代施工中，铁道部第四勘测设计院进行了路基加固工程实验。如腰古实验路堤，填高 8.9m，软基厚 11m，表层 1～2m 黏土层之下为厚 4～6m 的泥炭土，含水量高达 300%。为满足稳定要求，基底采用五层土工布加固，并用间距 4m 的疏砂井加快土体排水固结。路堤填筑竣工后两个月，地基总沉降达到 3.5m 之巨，为工程史上所罕见。蒋忠信[57]报道了昆明市南过境干道一级公路(简称南干道)，里程号 IK11+910～IK12+080 软基加固实验段采用的振动沉管碎石桩，桩径 377mm，顺路线方向桩排的间距为 1.04m，横向桩心间距为 1.2m 和 1.5m；桩长为 7.8～8.8m。后期对该实验段加固效果评价如下：①具有良好的排水性能；②减少了工后沉降和不均匀沉降；③提高地基的稳定性。国外较早报道了泥炭土地基处理成功案例，加拿大蒙特利尔圣劳伦斯河北岸修建的 4 车道高速公路，拟建路堤下分布 3.0～5.8m 的泥炭土层，其下为砂层；采取了堆载预压的处理方法，堆载期间路堤沉降高达 1.5～3.3m，卸载后，经历了 12 个多月的回弹，回弹量 5.0～7.5cm，之后，经历了约 3 年多的工后沉降(次固结沉降)，沉降量仅为 1.3～3.8cm，显现了理想的地基处理效果[58]。

第二章　滇池泥炭土物理力学指标统计特性研究

2.1　引　　言

由于形成环境的不同，不同地区泥炭土工程性质往往相差较大，对泥炭土的研究也应立足于其形成地区的特点。早在 1922 年 Von Post[6]就已经认识到泥炭土的地区差异性，并根据有机质分解度将泥炭土分为不同的分解度级别。然而，纵观现有的泥炭土研究资料，多数集中于对纤维泥炭土特性的研究，对高分解度的泥炭土研究较少，关于滇池泥炭土的系统性研究资料更是匮乏。本书通过搜集滇池典型场地勘查数据，建立滇池泥炭土各物理力学指标间相关关系，并结合相关数据着重研究了有机质含量及其组分特征对泥炭土工程特性的影响，以期对滇池泥炭土地区各类工程建设及地基土的参数选取提供参考。

2.2　滇池泥炭土时空分布特征

滇池泥炭土形成距今已有 9.3 万年，其间经历了晚更新世(Q_3)、全新世初期(Q_4^1)、全新世中期(Q_4^3)三个时期[57]。在冷湿气候下，滇池湖畔沼泽、河流、三角洲地区旺盛生长的水生植物为土壤提供源源不断的有机质养分，土中微生物分解速度小于有机质补充速度，土中有机质逐渐沉积下来形成泥炭土层。其中湖沼相沉积环境较稳定，有机质积累速度较快，易形成连续分布且厚度较大的泥炭土层。而河流、三角洲地区由于受气候环境因素影响较大，沉积环境不稳定，形成的泥炭土层厚度小，分布连续性差，多呈透镜状。

在三个形成期中，全新世中期(Q_4^3)泥炭土层形成时间最短，埋深最浅，固结程度低，承载能力弱，工程性质最差[59]。其主要揭露地点又多位于昆明市北部的核心发展区域，对昆明市城区建设影响较大(图 2.1，图 2.2)，也是昆明地区软基处理的重点，所以本章所

图 2.1　滇池某基坑揭露的泥炭土层

图 2.2　泥炭土地区路面开裂[60]

述滇池泥炭土也是特指该层泥炭土。

20 世纪 80 年代，蒋忠信[57]通过对滇池滨湖区地质钻孔研究发现，滇池南北部均有揭露分解度较高的泥炭土层，同时在滇池东岸的官渡区、呈贡区，以及滇池西岸的海口地区也有零星的泥炭土层显现，但分布最集中的还是滇池北岸的草海区域。为了系统分析滇池泥炭土在滇池北岸的分布情况，通过搜集滇池数百处工程场地的勘查资料，绘制滇池泥炭土分布范围，如图 2.3 所示。由图 2.3 可知，滇池泥炭土主要集中区域为：西北至西白沙河，东南至盘龙江，东北侧以滇缅大道—海埂路连线为界，西南侧则止于滇池草海湖岸的一块四边形区域。同时在盘龙江、宝象河沿岸也偶有零星分布。这主要是由于滇池北部及东北部地势平坦，地形开阔，并有宝象河、盘龙江川流而过，有利于湖湾沼泽的形成，泥炭土厚度较大，连续成层[61]。而滇池南部及其他滨湖地区，地形起伏较大，地表径流条件较好，不利于湿地沼泽形成，泥炭土分布零星且厚度较薄。因此，滇池泥炭土在空间上主要分布在滇池北部及东北部的五华区、盘龙区、官渡区等，沉积相以湖沼相为主[62]，在一些河流三角洲地区零星分布河流相、三角洲相泥炭土。

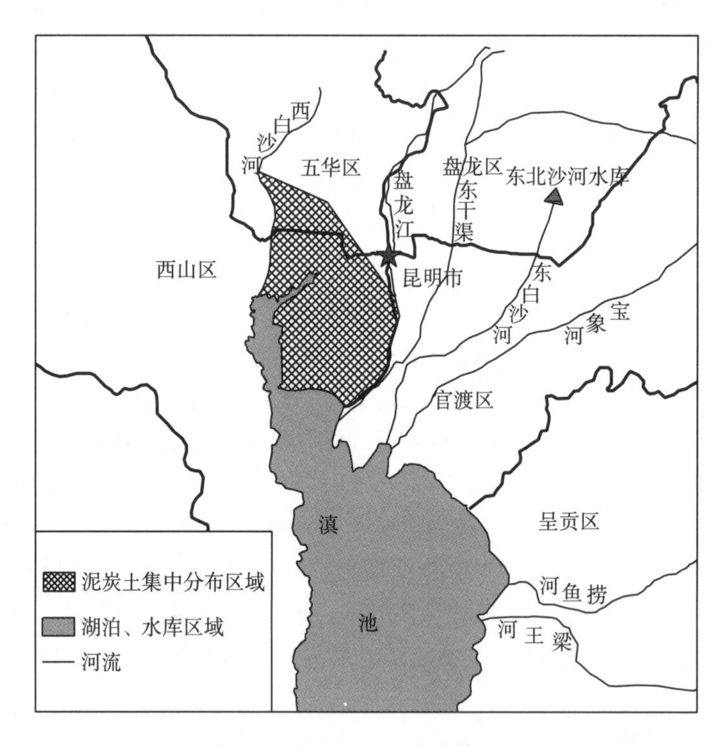

图 2.3 滇池泥炭土分布统计图

2.3 滇池泥炭土样本搜集

通过搜集昆明滇池北岸滨湖地区共计 7 个典型场地的勘查数据，统计滇池泥炭土埋深及厚度变化值，并对物理力学指标进行统计研究，对其相关性进行分析。所选场地主要分布在滇池东北部草海地区以东，场地分布位置如图 2.4 所示。

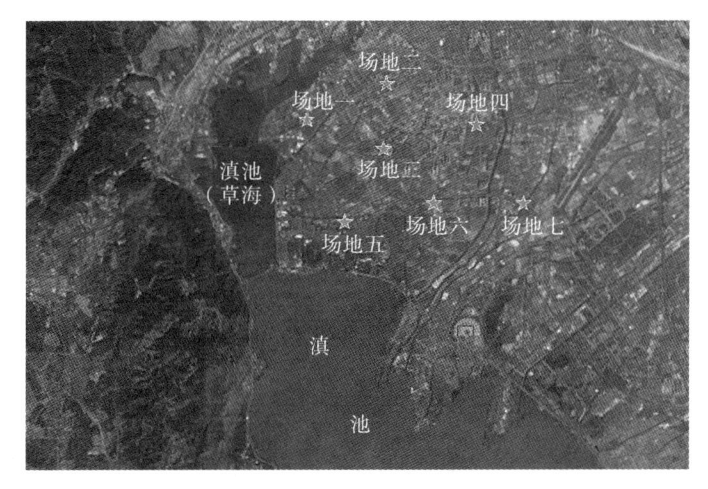

图 2.4　样本场地分布图

2.4　滇池泥炭土埋深及厚度变化规律

将各个场地泥炭土层统计信息汇集，并统一地平标高，忽略场地间距，绘制滇池泥炭土埋深及厚度变化图，如图 2.5 所示，图中各个土层埋深及厚度均取平均值。从图 2.5 中可以发现，滇池泥炭土上覆土层主要为 1 层素填土和 1 层黏土，泥炭土层埋深在 3.6～10.0m，厚度变化范围为 2.3～7.3m。其中场地一厚度最大，以场地一为中心，泥炭土层厚度有自西向东、自北向南逐渐变薄的趋势。这与蒋忠信在 20 世纪 90 年代对滇池地区软土进行研究时认为，滇池泥炭土连续呈楔形分布，自西向东逐渐变薄，其厚度 2～7m 的结论一致[63]。

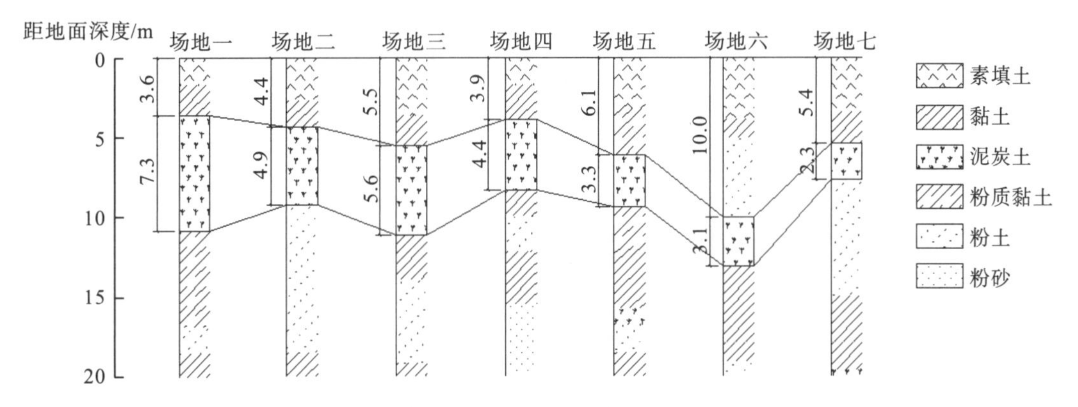

图 2.5　滇池泥炭土埋深及厚度变化示意图

2.5　物理力学指标统计量特征

本节所统计的物理力学参数主要包括含水率 w、重度 γ、颗粒相对密度 G_s、孔隙比 e、有机质含量 W_u、压缩系数 $\alpha_{1\sim2}$、压缩模量 E_s、液限 w_L、塑限 w_P、塑性指数 I_P、液性指数

I_L、黏聚力 c(固结快剪)、内摩擦角 φ(固结快剪)等指标，并采用数值分析中 3σ 法剔除异常点，得到泥炭土物理指标统计量特征参数，如表 2.1 所示。

表 2.1 滇池泥炭土物理力学指标统计特征表

统计量	w/%	γ/(kN/m^3)	G_s	E	W_u/%	$\alpha_{1\sim2}$/MPa^{-1}	E_s/MPa	w_L/%	w_P/%	I_P	I_L	c/kPa	φ/(°)
最大值	478.00	14.60	2.68	9.24	84.1	12.74	2.28	385.0	250.7	121.00	3.85	21.1	8.1
最小值	60.00	9.60	1.32	1.51	10.5	0.66	0.60	68.0	29.0	15.00	0.39	12.0	4.1
均值	233.61	11.36	2.01	4.80	51.5	5.18	1.18	190.7	132.2	57.40	1.72	17.3	6.0
中位数	233.00	11.10	1.98	4.76	56.4	5.03	1.10	190.1	130.0	54.60	1.68	17.0	5.60
样本数	189	182	189	188	189	180	172	158	157	145	158	25	25
标准差	93.97	0.98	0.26	1.74	17.5	2.69	0.36	72.11	57.26	19.90	0.86	2.31	1.21
变异系数	0.40	0.09	0.13	0.36	0.34	0.52	0.30	0.38	0.43	0.35	0.50	0.13	0.20

结合表 2.1 对滇池泥炭土物理力学指标统计特征进行分析，结果如下。

(1)天然含水率高。滇池泥炭土含水率为 60%～478%，而其液性指数中位数为 1.68、均值为 1.72、最小值为 0.39，说明天然状态时滇池泥炭土物理状态为软塑及流塑状态，基本接近饱和。

(2)天然重度、颗粒相对密度小。滇池泥炭土天然重度最小值为 9.60kN/m^3，均值为 11.36kN/m^3，最大值仅 14.60kN/m^3，自然状态的泥炭土重度与水相近。重度的变异系数为 0.09，是所有统计指标中最小的，说明重度的分布较集中。颗粒相对密度分布范围为 1.32～2.68，中位数和均值分别为 1.98g/cm^3、2.01g/cm^3，其最大值才接近普通非有机质土，颗粒重度较小。

(3)孔隙比大，压缩性高。滇池泥炭土孔隙比最大值达到了 9.24，均值为 4.80，较一般非有机质土高得多。而压缩系数最小值达到 0.66MPa^{-1}，一般认为软土压缩系数大于 0.5MPa^{-1} 就属于高压缩性土，可见滇池泥炭土压缩性极高。

(4)有机质含量高，抗剪强度低。滇池泥炭土有机质含量范围为 10.5%～84.1%，有机质含量较高。在快剪实验下，黏聚力 c 变化范围为 12.0～21.1kPa，中位数 17.0kPa；内摩擦角 φ 变化范围为 4.1°～8.1°，中位数为 5.60°，内摩擦角较小，土体强度较低。

综上所述，滇池泥炭土物理力学特性可归结为：含水率高，孔隙比大，重度小，压缩性高，抗剪强度低。

2.6 物理力学指标间相关性分析

土体物理力学指标繁多，其中有的测定较繁琐，无法直接获得，有的则不是独立的。分析物理力学指标间的相关性可以获得各项指标之间的内在联系，同时也可以通过相关性分析中的回归经验公式估算较难获得的指标参数，为简化实验项目提供可能性。在土体各项物理力学指标中，天然含水率 w 及天然重度 γ 是土体的基本物理指标，也是最易获得的指标。本节以土工实验中易测的 w 和 γ 为对象，分析 w、γ 与 e、$\alpha_{1\sim2}$、c、φ 间的相关关系，并建立回归经验方程，相关关系方程列于表 2.2。

表 2.2 泥炭土物理力学指标统计关系表

样本容量	指标变量	回归方程	相关系数 R^2
188	w-e	$e=0.017w+0.666$	0.895
182	w-γ	$\gamma=-2.04\ln w+22.39$	0.755
180	w-$\alpha_{1\sim2}$	$\alpha_{1\sim2}=0.023w-0.195$	0.643
182	γ-e	$e=129.9\mathrm{e}^{-0.29\gamma}$	0.644
180	γ-$\alpha_{1\sim2}$	$\alpha_{1\sim2}=239.4\mathrm{e}^{-0.34\gamma}$	0.375
25	γ-c	$c=-1.382\gamma+33.13$	0.451
25	γ-φ	$\varphi=-0.574\gamma+12.62$	0.304

由图 2.6 可知：①随着含水率 w 的增加，孔隙比 e 与压缩系数 $\alpha_{1\sim2}$ 呈线性增大关系，其中 w 与 e 相关系数高达 0.9，含水率 w 也可以间接反映出泥炭土压缩性大小，w 增大，$\alpha_{1\sim2}$ 线性增大，压缩性越大；②含水率 w 与重度 γ 呈良好的对数函数关系，二者负相关，随着含水率 w 的增加，γ 逐渐减小但减小的速度逐渐放缓，在 w 超过 450%之后，γ 降至约 $10\mathrm{kN/m^3}$，随后保持在这一水平。

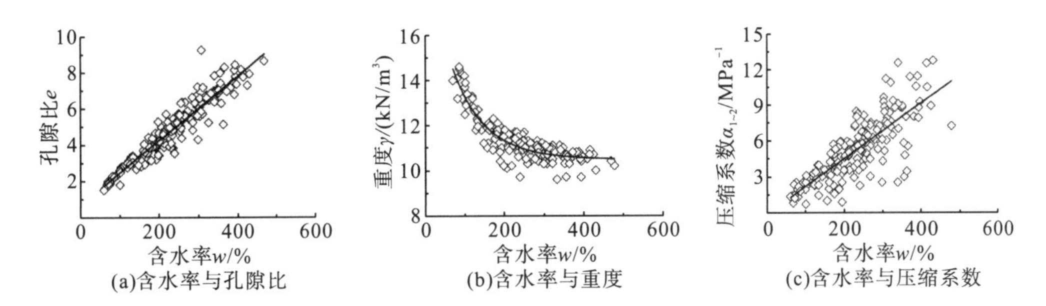

(a)含水率与孔隙比 (b)含水率与重度 (c)含水率与压缩系数

图 2.6 滇池泥炭土含水率与各物理力学指标相关性曲线

重度 γ 对泥炭土其他指标的影响关系见图 2.7，由图 2.7 可知：随着 γ 的增加，孔隙比 e、压缩系数 $\alpha_{1\sim2}$ 均减小，强度指标 c、φ 有一定减小的趋势，但受影响较小。这主要是由于 γ 增加，泥炭土趋于密实状态，孔隙比 e、压缩性减小。而 c、φ 不仅与土中孔隙比 e 有关，也与土中纤维含量、分布等情况有关，重度 γ 与抗剪强度指标有一定的负相关性，相关系数为 0.3～0.4。

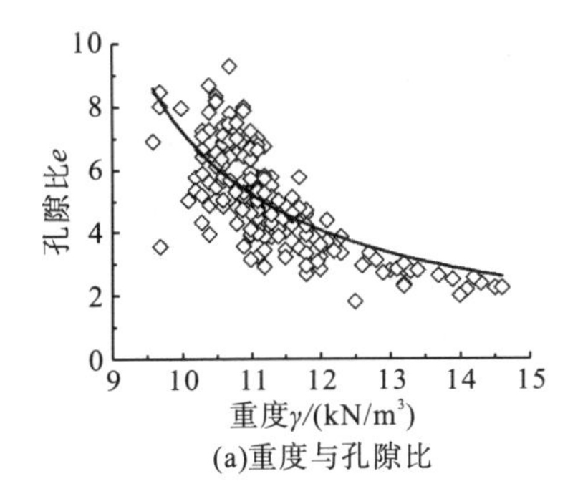

(a)重度与孔隙比

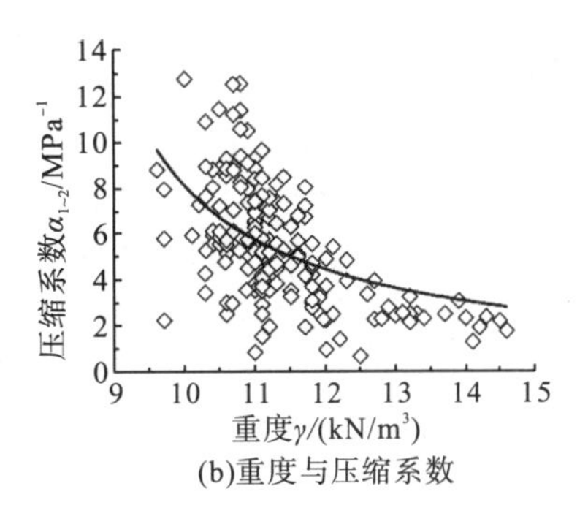

(b)重度与压缩系数

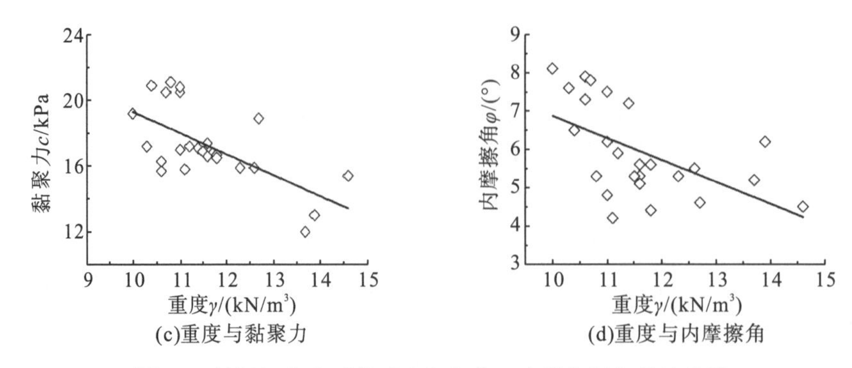

(c)重度与黏聚力　(d)重度与内摩擦角

图 2.7　滇池泥炭土天然重度与各物理力学指标相关性曲线

2.7　有机质含量及组分特征对泥炭土物理力学指标的影响

2.7.1　泥炭土有机质组分特征及分类

由于形成过程中受外界环境和地形因素的影响，不同地区的泥炭土在结构、有机质含量、矿物成分、颜色、含水率及分解度等特征指标上往往会有较大差异[64]。现有研究表明，有机质分解度水平对于泥炭土工程特性具有重要的影响[65]。有机质含量相等但组分不同的泥炭土表现出来的工程性质也可能差异极大[38, 47, 66]。因此，在研究有机质对泥炭土工程特性的影响时，可依据有机质组分先对其进行分类。

根据 ASTM(D4427-13)标准[67]，当泥炭土中纤维含量低于 20%时，称为无定形的高分解度泥炭土；当纤维含量高于 20%时，称为纤维泥炭土。黄俊[68]在对滇池泥炭土的有机质组分测试中发现其纤维含量为 7.7%～15.8%，分解度较高，蒋忠信[57]、Den Haan 和 El Amir[69]的研究也证明了这一点，结合笔者现场取样观察充分说明了滇池泥炭土属于无定形高分解度泥炭土。

分解度较低的纤维泥炭土中矿物质颗粒含量较少，土中往往含有大量未分解的植物纤维。而高分解度泥炭土中的残余纤维含量较低，有机质多为腐殖质。土中腐殖质具有胶结作用，常与土壤中无机组分，尤其是黏粒矿物和阳离子紧密结合，以有机-无机复合体的方式存在，腐殖质-黏粒团聚体具有松软、多孔、絮状的特性[33]。图 2.8 为 James Bay 纤维泥炭土[2]与取自滇池的典型高分解度泥炭土在扫描电镜下放大 100 倍的微观图，从图中

(a)James Bay纤维泥炭土

(b)滇池泥炭土

图 2.8　纤维泥炭土与滇池泥炭土扫描电镜图

可以清晰地看到纤维泥炭土中大量残余纤维与无机矿物形成的具有大量连通大孔隙的架空结构，而高分解度泥炭土内孔隙尺寸较小，孔隙间连通性较差，结构更为致密。

2.7.2　有机质含量及其组分特征对泥炭土物理指标的影响

为更全面研究有机质含量及其组分与泥炭土其他物理指标之间的关系，笔者搜集了Huat、Yamaguchi等对其他国家与地区泥炭土的研究成果，并与滇池泥炭土进行对比分析。几种不同地区的泥炭土物理性质指标如表2.3所示。将各地区泥炭土有机质含量与含水率、天然重度、颗粒相对密度、孔隙比等指标散点图绘出，并对滇池泥炭土相关关系进行回归拟合分析，如图2.9所示，其中纤维含量实验标准为ASTM(D1997-13)[3]。

表2.3　不同地区泥炭土物理指标对比表

土样名称/位置	泥炭土种类	初始含水率 w_0/%	初始孔隙比 e_0	颗粒相对密度 G_s/(g/cm^3)	有机质含量 W_u/%	纤维含量 w_f/%	分解度 D/%	数据来源
滇池泥炭土/中国云南	高分解度泥炭土	60～478	1.5～9.2	1.3～2.7	10～84	7.7～15.8	60～85	笔者
Banting泥炭土/马来西亚	纤维泥炭土	—	4.1～10.5	1.4～1.6	70～88	31～77	13～63	Duraisamy等[70]
Ohmiya泥炭土/日本	纤维泥炭土	330～1200	7～18	1.6～2.3	30～80	—	30～60	Yamaguchi等[38]
吉林草炭土/中国吉林	纤维泥炭土	100～510	2.2～10.8	1.5～2.1	27～88	—	45～50	吕岩等[71]
James Bay泥炭土/加拿大	纤维泥炭土	880～1590	11.6～27.5	1.5～1.7	68～99	60～80	18～28	Lefebvre等[28]
Britain泥炭土/英国	纤维泥炭土	310～890	—	1.4～1.5	74～99	—	—	Skempton和Petley[72]

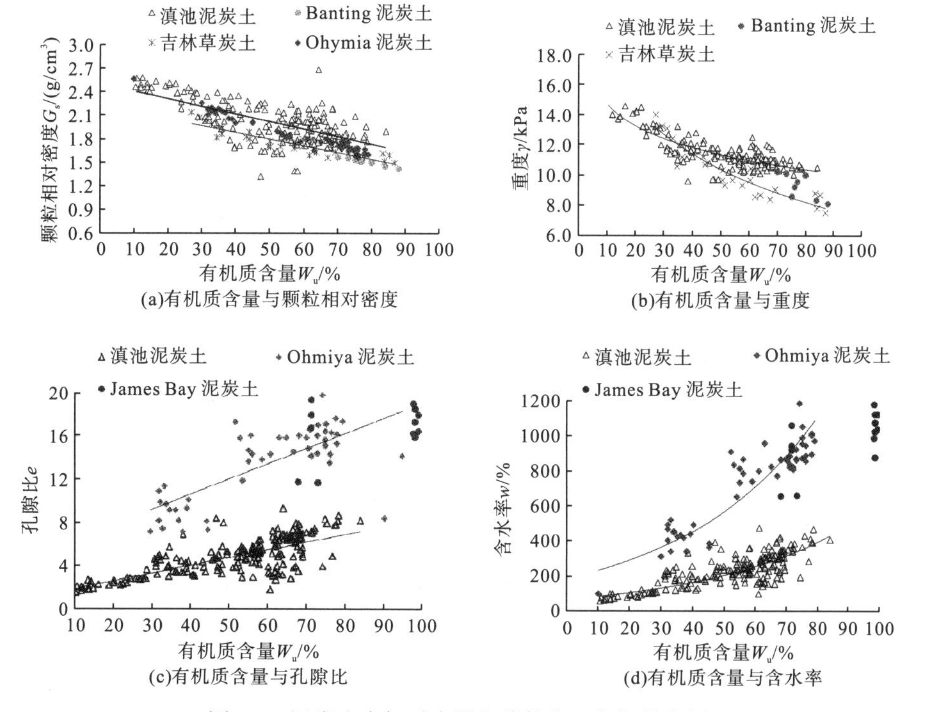

图2.9　泥炭土有机质含量与其他物理指标散点图

通过对图 2.9 进行分析可以得出以下结论。

(1)随着有机质含量的增加，泥炭土重度、颗粒相对密度均减小，其中天然重度随有机质含量线性减小，而颗粒相对密度呈对数函数减小。在相同有机质含量下，高分解度泥炭土颗粒相对密度略大于纤维泥炭土，重度则相差较大。这主要是因为高分解度泥炭土有机质以腐殖质-黏粒团聚体为主，纤维泥炭土中有机质组分主要为未分解的密度较小的植物残体，其结构疏松，因此高分解度泥炭土颗粒相对密度略大于纤维泥炭土，而天然重度大于纤维泥炭土。

(2)泥炭土孔隙比随有机质含量的增加而线性增大，纤维泥炭土孔隙比最大值可达 20 以上，相同有机质含量下，其孔隙比可以比高分解度泥炭土大一倍以上，但其离散性也较大。根据 Boelter[73]的研究，分解度主要通过影响微颗粒尺寸及内部孔隙结构来改变泥炭土工程特性。纤维泥炭土中残余纤维被分解之后形成的腐殖质与无机矿物组成有机-无机复合体，填充原本的架空结构中的大孔隙，使得孔隙比降低。

(3)泥炭土含水率随有机质含量的增高而呈指数增大，纤维泥炭土含水率最大值高达 2000%以上，相同有机质含量下，纤维泥炭土含水率普遍大于高分解度泥炭土含水率。这主要是由于纤维泥炭土大孔隙比以及残余纤维较好的吸水性使得其持水能力显著大于高分解度泥炭土。

高分解度泥炭土与纤维泥炭土有机质含量与其他物理指标间关系汇总如表 2.4 所示。表中取自不同场地的纤维泥炭土各物理指标统计相关系数较滇池泥炭土高，可能是由于本章中泥炭土指标样本来自 7 个不同场地，泥炭土形成环境有一定差异，再加上统计数据量较大导致。

表 2.4 有机质含量与物理指标关系统计表

指标	高分解度泥炭土	纤维泥炭土
W_u-G_s	G_s=−0.009W_u+2.504，R^2=0.435	G_s=−0.011W_u+2.451，R^2=0.836
W_u-γ	γ=−2.10lnW_u+19.57，R^2=0.663	γ=−4.03lnW_u+26.29，R^2=0.790
W_u-e	e=0.071W_u+1.112，R^2=0.522	e=0.158W_u+4.012，R^2=0.712
W_u-w	$w=69.25e^{0.021W_u}$，R^2=0.670	$w=234.0e^{0.017W_u}$，R^2=0.767

综上所述，泥炭土随着有机质含量的增加，含水率、孔隙比呈良好的正相关性，而天然重度、颗粒相对密度则减小。相对于纤维泥炭土，高分解度泥炭土具有较小的孔隙比、含水率以及较大的天然重度、颗粒相对密度。

2.7.3 有机质含量对滇池泥炭土力学指标的影响

滇池泥炭土有机质含量与压缩性指标及抗剪强度指标的关系如图 2.10 所示，从图中可以看出，有机质含量对于高分解度泥炭土的力学特性影响主要表现为以下几点。

(1)随着有机质含量的增加，泥炭土中具有松软、多孔、絮状结构的腐殖质—无机矿物复合体含量增加，孔隙比增大，导致泥炭土压缩系数增大，压缩性增强。

(2)泥炭土黏聚力 c 随着有机质含量的增加而增大，但其相关系数较小。泥炭土结构连接主要为有机质连接，黏聚力的主要来源为腐殖质胶体，腐殖质胶体包裹无机矿物片与其他腐殖质团聚体相互黏结形成高分解度泥炭土的主要结构。在高分解度泥炭土中，有机质含量增加意味着土中腐殖质胶体含量增加，黏聚力增大，但是腐殖质胶体相对于矿物质胶体具有结构不稳定、无定形的特点，因此土体整体结构并不稳定，整体强度不高。另外，内摩擦角大小和有机质含量之间似乎没有明显的规律。由于残余纤维的尺寸及交错状况也会影响黏聚力和内摩擦角的大小，导致有机质含量与 c、φ 相关性较差。

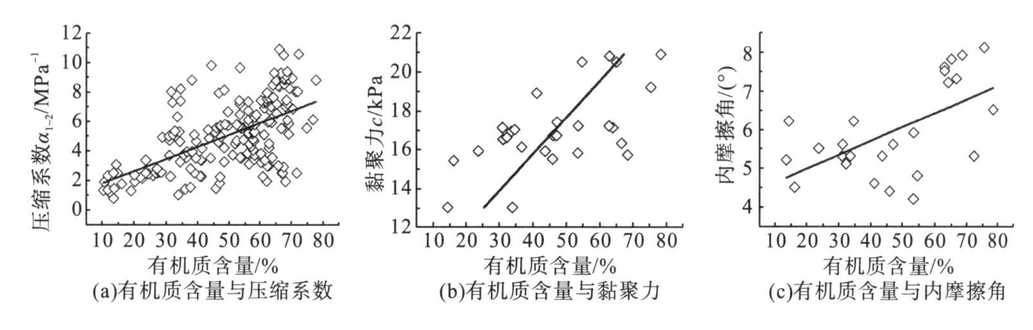

(a)有机质含量与压缩系数　(b)有机质含量与黏聚力　(c)有机质含量与内摩擦角

图 2.10　泥炭土有机质含量与力学指标关系图

2.8　本章小结

通过对滇池北岸滨湖地区 7 个典型场地全新世泥炭土物理力学指标进行统计分析，得出以下结论：

(1)滇池泥炭土有机质含量、含水率、孔隙比的分布范围分别为 10.5%～84.1%、60%～478%、1.5～9.2，具有高含水率、大孔隙比、中等有机质含量、较高分解度、低重度、压缩性高、强度低的特点。

(2)泥炭土含水率与孔隙比呈线性正相关关系，含水率越高，压缩性越高，抗剪强度指标越大；而天然重度越大，孔隙比、含水率等指标越小，泥炭土压缩性越低，抗剪强度越高。

(3)有机质含量对高分解度泥炭土的影响主要为：随着有机质含量的增加，含水率、孔隙比增大，天然重度、颗粒相对密度减小，压缩性增强，强度增大。相对于纤维泥炭土，高分解度泥炭土由于腐殖质颗粒较多，结构更加致密而具有更小的孔隙比、含水率以及较大的天然重度、颗粒相对密度。

第三章　高分解度泥炭土固结系数变化规律实验研究

3.1　概　　述

固结系数 C_v 是进行地基沉降分析的重要参数。太沙基理论假定土的参数 C_v 在压缩过程中是常数。但是，大量的实验结果表明，在固结过程中，渗透系数 k 和压缩系数 a 均会发生变化。故此，C_v 是随着有效应力水平的变化而变化的，特别是在前期固结应力的前后，差别是非常大的。目前，软土沉降速率和固结度的计算与实际差别很大，固结系数取为常数是主要原因之一，Duncan[74]和 Olson[75]曾分别指出，固结系数的不确定性是传统固结理论计算变形速率具有局限性的原因所在。

目前，国内针对土的固结系数与固结压力水平的关系及影响因素的研究十分广泛，多以沿海发达地区海相软土为主，如温州浅滩淤泥[76]、深圳后海湾海相淤泥[77]、深圳湾新吹填超软土[78]、上海和苏州海相沉积软黏土[79]、萧山软黏土[80]、汕汾高速滨海相与三角洲相沉积淤泥土[79, 81]等，这些研究成果有助于了解不同地区、不同类型地基土的压缩固结特性及沉降规律。

泥炭质土是由有机残体、腐殖质和矿物质三部分组成的特殊土。据统计，其在全世界 59 个国家和地区有所分布，总面积高达 4153000km^2 以上；我国泥炭质土的分布面积为 42000km^2 左右[2]。由于特殊的地理位置和高原气候，环滇池、洱海区域属古代大片湖沼区，泥炭及泥炭质土层广泛分布，是典型的高原湖沼相软土。由于形成时间短、上覆土层薄，这些泥炭质土层固结程度低、厚度大、性质差[57, 82]。具体表现为可塑至流塑状、密度小(ρ=0.96～1.74kg/m^3)、含水率高(w_0=51%～478%)、孔隙比大(e=1.5～10.4)、压缩性高($\alpha_{1\sim2}$=0.66～16.1MPa^{-1})、承载力低等特点，是土木工程中性质极差的特殊软土，给工程建设带来了许多问题。环滇池、洱海地区分别是昆明和大理市城市发展的核心区域，近年来诸如深大基坑、轨道交通、绕城高速等重大工程在建或拟建，决定了对泥炭质土工程特性开展系统研究来指导相关工程的设计和施工，具有重要的理论价值和现实意义。针对昆明、大理泥炭质土开展了一系列室内实验，系统分析了高原湖相泥炭质土固结系数变化规律及机理，获得了一些新的认识和成果。

3.2　土的基本特性

土样分别取自云南省昆明市和大理市市区的 3 个工程场地，场地位置及取样过程简述如下。

(1) 场地一：地处昆明市广福路和滇池路交叉口附近，属滇池盆地中部，位于滇池以北，距湖岸约 2km。据勘查，该场地钻孔揭露深度范围内，土层自上而下为：①层素填土(厚度 1.0～6.0m)、②层有机质土(厚度 0.5～9.4m)、$③_1$ 层泥炭质土(厚度 1.6～8.5m)、$③_2$ 层粉土(厚度 2.0～16.5m)、$③_3$ 层含有机质黏土(厚度 1.5～8.7m)等。实验用土样为钻孔编号 ZK33 中$③_1$ 层泥炭质土(本章中昆明泥炭质土特指该土层)，长期处于近似饱和状态，形成于全新世，属典型的湖沼相软土。为了尽量保持土样的原状性，采用有固定活塞的薄壁取土器钻取不同深度的土样。

(2) 场地二：地处昆明市白龙路和新迎路交叉口附近，在滇池盆地东北部边缘，距湖岸约 7km。该场地中$③_1$ 泥炭质土埋深 2.1～8.6m，厚度 0.8～5.5m。土样通过挖掘机开挖再人工取得泥炭质土高质量块状土样。

(3) 场地三：地处大理市凤仪镇力帆大道与金穗路交会处，在大理盆地东南部，距洱海约 6.5km，属于滨湖地貌，原为农田及沟塘洼地。实验用土为第⑦层泥炭质土，埋深约 12.2～17.7m，厚度 0.5～4.3m，属第四系湖沼相沉积软土。采用人工的方式从基坑底部采取高质量块状土样。

土样基本物理指标详见表 3.1，其中有机质含量依据《公路土工实验规程》[83]采用灼烧法测定，粒径分析实验采用 Beckman Coulter 公司产的 LS13320 型激光粒度仪进行。除粒组外，其他指标均为多组试样的平均值。

表 3.1　试样的物理性质指标

取样地	取土深度/m	颜色	含水率 w/%	孔隙比 e_0	重度 γ/(kN/m³)	相对密度 G_s	塑限 w_P/%	液限 w_L/%	粒组/%			有机质含量 W_u/%	pH
									砂粒	粉粒	黏粒		
场地 1	6.2～6.4	黑色	217.0	4.13	11.8	1.87	118.5	286.6	44.4	50.4	5.2	43.2	6.5
	8.8～9.0	黑色	229.0	4.76	11.3	1.99	135.2	385.6	31.5	62.0	6.5	51.0	6.7
场地 2	2.5～2.8	黑色	83.3	3.83	15.1	2.33	92.2	331.6	—	—	—	18.5	5.6
场地 3	13.3～13.5	黑色	164.8	3.97	12.7	2.40	38.9	128.5	—	—	—	25.6	6.4

3.3　实 验 方 案

针对取回的土样，进行一维固结实验共计 41 组。包括场地一土样 25 组，场地二土样 6 组，场地三土样 10 组。其中，为比较原状样和重塑试样固结系数差别，进行了 12 组；用于研究加荷比 R 对固结系数的影响，共计 6 组；用于分析预压作用的影响，共计 5 组；用于分析加载方式的影响，进行了 18 组。典型泥炭质土原状样、初始状态试样及固结压缩后的试样照片如图 3.1 所示。具体实验方案如表 3.2 所示。

实验采用常规 WG 型双联杠杆固结仪，试样高 2cm、横截面积 30cm²，双面排水。预压时采用分级加载，如预压 200kPa，按照 0→50kPa→100kPa→150kPa→200kPa 顺序加荷，每级加压历时 1h，加载完 200kPa 之后卸荷至 0kPa，让其回弹至基本稳定，再进行之后的一维固结实验。

(a)泥炭质土原状样

(b)固结试验制样

(c)压缩后的试样

图 3.1 泥炭质土土样

表 3.2 实验方案

实验目的	取样点	取样深度/m	试样编号	试样状态	是否预压	加荷序列/kPa	加荷比 R
土样状态影响	场地一	6.2～6.4	K-In-1 K-In-2	原状	否	6.25→12.5→25→50→100→200→400→800→1600	1.0
			K-Re-1 K-Re-2	重塑	否		
		8.8～9.0	K-In-3 K-In-4	原状	否		
			K-Re-3 K-Re-4	重塑	否		
	场地三	13.3～13.5	D-In-1 D-In-2	原状	否		
			D-Re-1 D-Re-2	重塑	否		
加荷比影响	场地一	8.8～9.0	R=1.0	原状	否	12.5→25→50→100→200→400→800	1.0
			R=1.5			12.5→31→78→200→500→1250	1.5
			R=2.0			12.5→37.5→112.5→337.5→1012.5	2.0
		6.2～6.4	R=1.0	原状	否	12.5→25→50→100→200→400→800	1.0
			R=1.5			12.5→31→78→200→500→1250	1.5
			R=2.0			12.5→37.5→112.5→337.5→1012.5	2.0
加载方式影响	场地一	6.2～6.4	—	原状	否	25→50→100→200→400	—
	场地二	2.5～2.8	—	原状	否	25→50→75→100→200→400	—
	场地三	11.6～11.8	—	原状	否	25→50→100→200→400→800	—
预压处理影响	场地一	8.8～9.0	K-Y-50	原状	是	(50→0)→12.5→25→50→100→200→400→800	—
			K-Y-100	原状	是	(0→50→100→0)→12.5→25→50→100→200→400→800	—
			K-Y-200	原状	是	(0→50→100→200→0)→12.5→25→50→100→200→400→800	—
			K-Y-300	原状	是	(0→50→100→150→200→300→0)→12.5→25→50→100→200→400→800	—
			K-Y-400	原状	是	(0→50→100→150→200→300→400→0)→12.5→25→50→100→200→400→800	—

3.4　实验结果与分析

3.4.1　土样状态对泥炭土一维固结系数影响分析

通过室内一维固结实验，得到一系列实验结果，采用 Taylor 提出的时间平方根法计算得到泥炭质土的固结系数 C_v。12 组不同深度原状、重塑样的固结系数 C_v 与固结压力 p 的关系如图 3.2 所示。

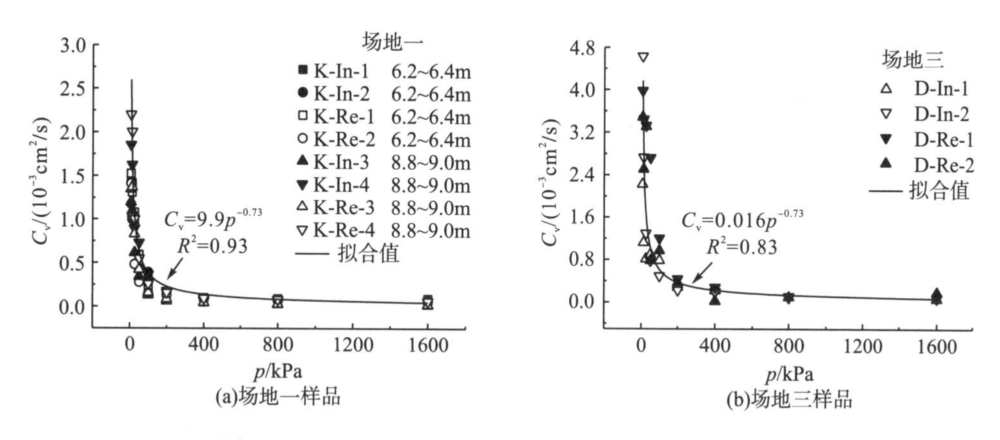

图 3.2　分级加载泥炭质土原状、重塑样 C_v-p 关系曲线

从图 3.2 中可以看出，不同场地、不同深度泥炭质土，不论原状和重塑样，均表现出随着 p 的增大 C_v 迅速减小，在 p 达到 100～200kPa 后 C_v 趋于稳定的规律。如编号 K-In-1 土样，当 p 从 6.25kPa 增至 100kPa，C_v 从 $1.5\times10^{-3}cm^2/s$ 减小至 $3\times10^{-4}cm^2/s$ 左右，下降了一个数量级；$p>100kPa$ 之后，C_v 略有下降。Santagata 等[84]，Elsayed 等[44]及 Bobet 等[85]在对不同地区泥炭质土原状样进行研究时，得出和此基本一致的规律，但他们未讨论泥炭质土重塑样 C_v 的变化规律。

从实验结果可以看出，泥炭质土和普通黏性土的 C_v-p 关系存在较大的差异。差异之一：普通黏性土原状样大量的实验结果表明，原状样和重塑样的 C_v-p 关系差异很大。例如，沈珠江[86]认为，天然黏土具有的结构性对 C_v 有较大的影响，对在结构破坏以前，天然黏土的固结系数可以达到同样条件下重塑土的 10～15 倍。邓永锋等[87]的实验结果也表明，取样扰动对土的固结系数影响非常大。而泥炭质土的重塑及原状样 C_v-p 关系在宏观上是基本一致的。差异之二：普通黏性土 C_v 是随着固结压力的变化而变化的，特别是在前期固结压力 p_c 的前后，差别是非常大的。林鹏等[81]的研究表明，正常固结软土在小应力范围内，固结系数随应力水平的增加而增大，大应力范围内，固结系数随应力水平的增大而减小；对于超固结软土，固结系数随着应力水平的增加而增大，在一定程度后趋于平稳。马驯[88]对天津港某区大量土样室内实验指标进行统计分析后认为，固结压力小于先期固结压力时，土的固结系数随压力的增大而减小，当固结压力大于先期固结压力时，固结系数随固结压力递增；吴雪婷[76]的研究成果也得出类似的结论。从实验结果来看，泥炭质土的 C_v-p 关系并没有出现这样的峰值。

为何泥炭质土 C_v-p 关系和普通黏性土存在这些差别？需先分析泥炭质土是否具有显著结构性。可利用 Burland[89]在 1990 年提出的归一化参数——孔隙指数 I_v 及重塑土的固有压缩曲线(intrinsic compression line，ICL)来进行分析，I_v 计算式为

$$I_v = \frac{e - e_{100}^*}{e_{100}^* - e_{1000}^*} \tag{3.1}$$

其中，e_{100}^* 和 e_{1000}^* 分别为外加应力为 100kPa 及 1000kPa 时对应的孔隙比。Burland[89]利用 I_v 对初始含水率为液限 1.0～1.5 倍的重塑土进行归一化，提出该曲线可以通过实测数据构建，也可以利用 I_v=2.45−1.285x+0.015x^3，其中 x=lg$p$，p 为固结压力(kPa)。据 Burland 研究，自然界大部分重塑土样的孔隙指数 I_v 可被归一至 ICL。原状样的 I_v-lg$p$ 曲线和 ICL 曲线间的差别 ΔI_v 被认为是由土的结构性造成的。ICL 曲线的提出，为土的结构性研究提供了有效的手段。

图 3.3 为泥炭质土原状样 I_v-lg$p$ 曲线，从中可以看出，两个不同场地的泥炭质土原状样均可以很好地归一到 ICL 曲线中，表明它们的结构性微弱。这可能是因为泥炭质土中富含有机质，其中的多糖和腐殖物质具有松软、絮状、多孔的特性，土中黏粒被它们包裹后，易形成散碎的团粒[33]，使得土的结构强度重要来源——土粒结点固化[86]无法发生，导致泥炭质土中未形成明显的结构性。故泥炭质土原状和重塑土样的 C_v-p 关系基本相似；此外，也不会像普通黏性土一样当 p 在 p_c 附近时出现 C_v 峰值。

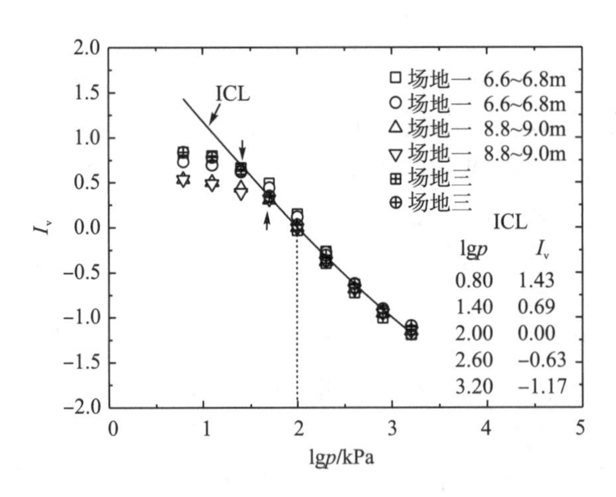

图 3.3 泥炭质土原状样的 I_v-lg$p$ 关系图

3.4.2 加荷比对泥炭土一维固结系数的影响分析

分别对不同加荷比 R、不同深度的 6 组试样固结系数 C_v 进行分析，探讨加荷比 R 对 C_v 的影响，如图 3.4 所示。

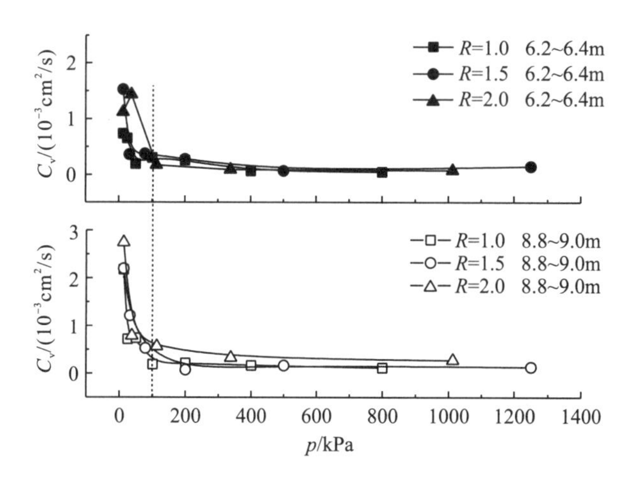

图 3.4　不同加荷比 R、不同深度泥炭质土 C_v-p 关系

由图 3.4 可知，不同深度泥炭质土在不同加荷比 R 固结压力作用下，C_v-p 关系没有明显的差别，均表现为 C_v 随着 p 的增大而迅速减小，之后趋稳的规律，说明加荷比 R 不是引起 C_v 变化的主要影响因素。

3.4.3　加载方式对泥炭土一维固结系数影响分析

加载方式主要包括分级加载和分别加载，现有研究多讨论分级加载作用下土的固结特性，对分别加载情况讨论得不多。

从图 3.5 中可以看出，分别加载作用下，三个场地泥炭质土的 C_v-p 关系和分级加载的基本一致，且不同场地土样 C_v 变化规律和数值大小相差不大。

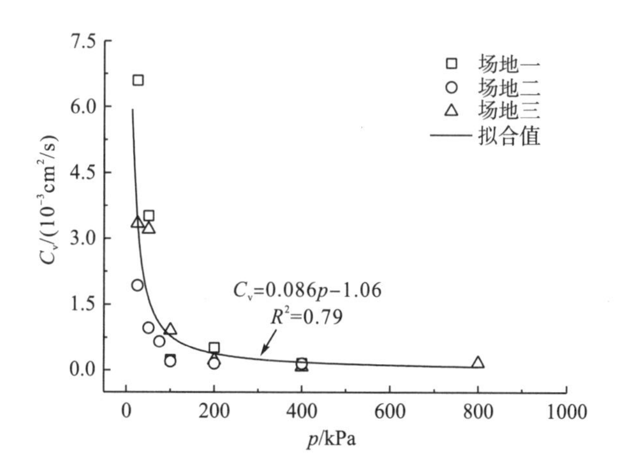

图 3.5　分别加载泥炭质土原状、重塑样的 C_v-p 关系曲线

由此可知，泥炭质土 C_v 受固结压力 p 的影响极大，采用固定的固结系数进行相关的变形及固结度计算时，与实际情况会有很大的出入。分析图 3.2、图 3.4、图 3.5 中数据分布规律可知，泥炭质土 C_v-p 的关系可用幂函数进行拟合，如式(3.2)所示。

$$C_v = Ap^B \tag{3.2}$$

式中，A、B 为和土性有关的参数，各场地土样的拟合式及相关参数如表 3.3 所示。

表 3.3　不同场地泥炭质土样 C_v-p 经验关系

取样场地	土样状态	加载方式	拟合公式	相关系数
场地一	原状和重塑	分级加载	C_v=9.9$p^{-0.73}$	R^2=0.93
场地二	原状和重塑	分级加载	C_v=0.016$p^{-0.73}$	R^2=0.83
场地一、二、三	原状	分别加载	C_v=0.086$p^{-1.06}$	R^2=0.79
以上综合	—	—	C_v=0.013$p^{-0.75}$	R^2=0.84

3.4.4　超载预压对泥炭土固结系数的影响分析

深厚软土地基通常采用排水固结联合超载预压法进行处理，机理是预先使土体变形压密，减少工后沉降，工程实践证明它是相对经济且有效的手段。该法在泥炭质土地基中的应用目前尚缺乏系统的研究，仅有结合具体工程实践的零星报道[58]。对于泥炭质土地基，采取多大的预压荷载较为合适？预压之后泥炭质土的固结特性如何？本节初步进行了探讨。

图 3.6 为经历不同大小预压荷载作用后泥炭质土 C_v-p 的关系，可以看出，预压荷载大小对预压后泥炭质土 C_v-p 关系影响显著。在固结压力 p=6.25～100kPa 范围内，随着预压荷载的增大，预压样 C_v 较未预压样显著减小；当 p≥200kPa 后，未预压和预压样的 C_v 值基本相近，从图中还可以看出，除了 p=800kPa 点出现异常外，预压样的 C_v 值均略小于未预压样。此外，当预压荷载为 200kPa、300kPa、400kPa 时，在整个固结压力加载范围内，C_v 值基本稳定，没有出现如未预压土样类似的随着 p 增大 C_v 迅速下降阶段。

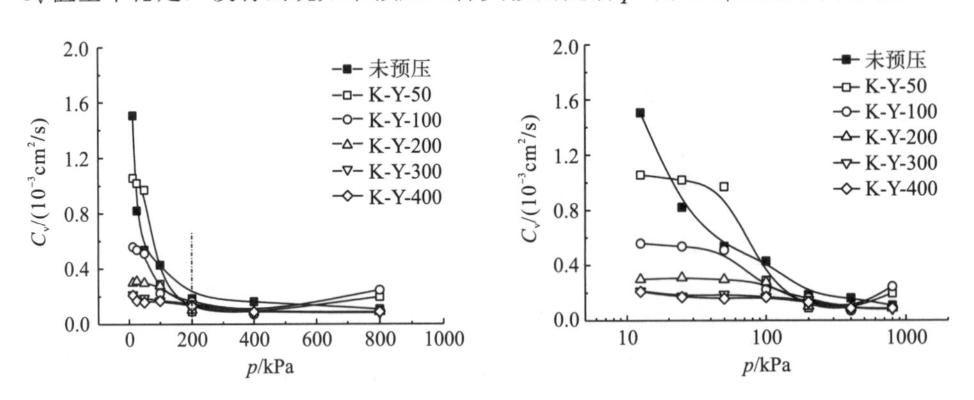

图 3.6　不同荷载超载预压泥炭质土 C_v-p 关系

3.4.5　荷载作用下泥炭土压缩及渗透特性变化规律

土的固结系数 C_v 和土的压缩性及渗透性有关。因此，从荷载作用下压缩系数及渗透系数的变化规律入手，可以深入了解泥炭质土固结系数变化规律。对三个场地分别加载时土的压缩系数及渗透系数变化规律进行研究，如图 3.7、图 3.8 所示。

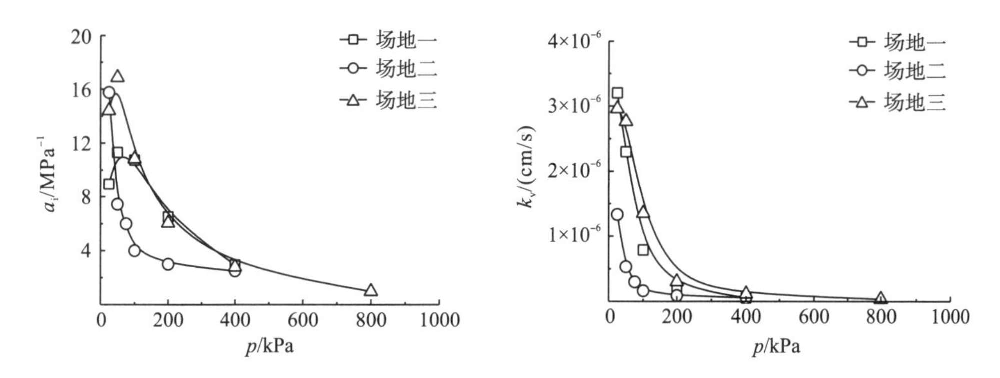

图 3.7 泥炭质土压缩系数 a_i 与固结压力 p 的关系　图 3.8 泥炭质土渗透系数 k_v 与固结压力 p 的关系

图 3.7 为泥炭质土 a_i–p 关系，此处 $a_i=\partial e_i/\partial p$。从图中可以看出，三个场地泥炭质土 a_i 基本满足随 p 增大而减小的规律，在 p=12.5～200kPa 范围内下降迅速，之后下降速度放缓。

图 3.8 为泥炭质土 k_v–p 关系，图中 k_v 由 $k_v=(C_v\gamma_w a)/(1+e_0)$ 计算得出，式中 γ_w 为水的重度，e_0 为土的初始孔隙比。由图可知，泥炭质土的 k_v–p 关系和 a_i–p 类似，k_v 在 p=12.5～200kPa 范围内快速下降，数量级由 10^{-6} 下降至 10^{-7} 左右，之后逐步趋稳。这和 Elsayed 等[44]、Morareskul 和 Bronin[90]和 Hayashi 等[29]的研究结论一致，如图 3.9 所示。

将不同场地泥炭质土固结压力作用下 C_v–e_i 的关系进行分析，如图 3.10 所示。

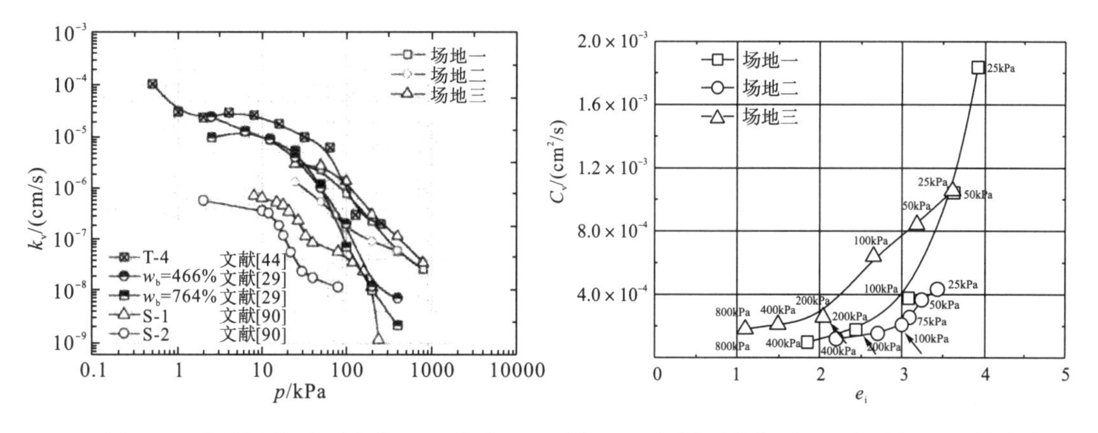

图 3.9 不同地区泥炭质土的 k_v–p 关系　图 3.10 固结压力作用下泥炭质土 C_v–e_i 的关系

从图 3.10 中可知，随着固结压力增大，土中孔隙比减小，导致 C_v 相应下降。泥炭质土的初始孔隙比大，在加载初期，随着荷载的增大，e_i 减小，C_v 迅速下降；当孔隙比减小到一定程度时，C_v 值变化不大。C_v 值从急剧下降到基本稳定的转折点对应的 p 大致为 100～200kPa，表明 p 超过 100～200kPa 后，泥炭质土处在相对密实状态。此特性应该可以解释图 3.6 中当预压荷载超过 200kPa 后泥炭质土的 C_v–p 关系基本为直线的现象。

3.5 机理分析与探讨

3.5.1 天然状态泥炭质土孔隙类型及分布扫描分析

泥炭质土主要由砂粒、粉粒、黏粒团聚体、有机质胶体及碳化植物纤维残体构成[12, 42, 91]，比普通软土的物质成分更加复杂，微观结构方面亦有很大差别。蒋忠信[57]项目组对滇池地区泥炭质土进行了大量微观结构研究，发现以蜂窝状结构、架空结构和球状结构为主，这些结构主要靠水膜和有机质连接。土中的孔隙[57]按大小和存在形式可分为：架空的大孔隙，直径一般大于 10μm；微团聚体、团聚体、有机质内的微孔隙，孔径一般为 1～5μm；植物体中的孔隙，大小不一。图 3.11 为场地一昆明泥炭质土典型 SEM 电镜扫描图，从图中可清楚地观测到几种孔隙的存在。

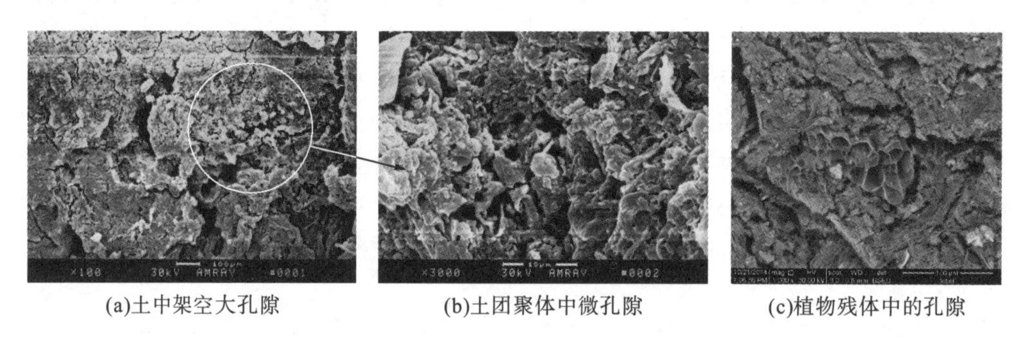

(a)土中架空大孔隙 (b)土团聚体中微孔隙 (c)植物残体中的孔隙

图 3.11 泥炭质土微观结构电镜扫描图

3.5.2 泥炭质土固结变形微结构模型

在 Wong 等[92]的基础上，建立土微结构图(图 3.12)对泥炭质土的压缩固结变形进行分析。需要说明的是，泥炭质土中有机质成分复杂，以腐殖质和残余植物根系为主；腐殖质和黏粒紧密结合，多存在于黏粒团聚体中；游离态的腐殖质胶体并不多见，且多属不定形体，大小不一，结构不稳定[33]，图中有机质胶体仅为示意。

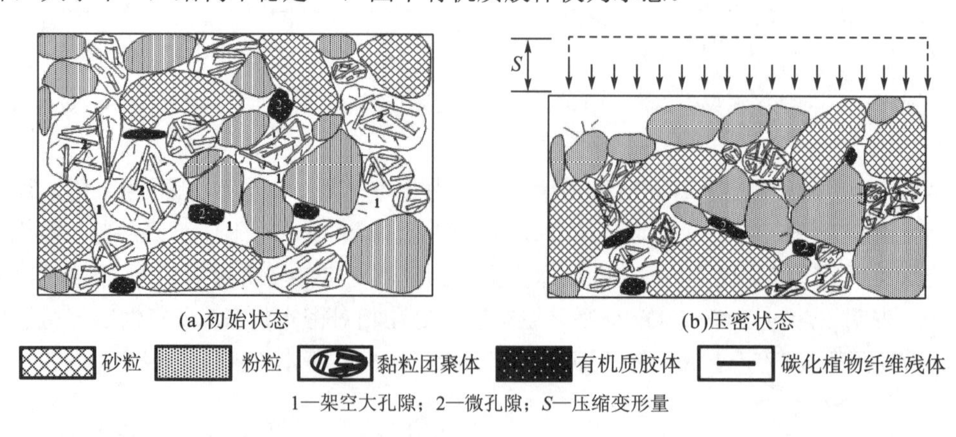

(a)初始状态 (b)压密状态

1—架空大孔隙；2—微孔隙；S—压缩变形量

图 3.12 泥炭质土微结构模型

(1)初始状态时，土中富含孔隙，包括架空大孔隙1和微孔隙2；土颗粒(主要为粉粒及砂粒)之间散布了大量的团聚体、有机质胶体及碳化植物纤维残体，未真正构成土骨架并起到承担外部荷载作用，如图3.12(a)所示。加载时，荷载开始主要由架空大孔隙中的孔隙水承担。随着孔隙水的排出，超静孔隙水压力不断减小，大孔隙逐步缩小。由于加载初期连通的大孔隙较多，土的渗透系数k_v和固结系数C_v较大。在分级加荷没有将泥炭质土中架空大孔隙基本压缩排除的情况下，固结压力p越大，土中架空大孔隙被压密、被堵塞的排水通道越多，必然导致k_v显著减小，这就是p从0kPa至100kPa(或200kPa)不断增大时C_v不断减小的主要原因。

(2)当p达到100kPa(或200kPa)，从宏观上看，此时土体压缩变形显著。据本章实验结果，在p=100kPa时，土样累积变形S可达5mm，200kPa时，S高达8mm。土中大部分架空大孔隙已经被压密，原先散布的未起到土骨架作用的土颗粒逐步压缩靠近形成土骨架，如图3.12(b)所示。此时，泥炭质土处于相对密实状态，外部荷载主要由土颗粒骨架承担，其中的微小孔隙及残余粒间大孔隙成为主要的排水通道。当固结压力继续增大，土颗粒被挤压、挠曲，但从宏观上看，变形量相对较小，故该阶段土的渗透系数k_v变化不大，相应的C_v变化也不大。

预压处理时，当预压荷载未使泥炭质土进入相对密实状态时，卸荷再加荷的泥炭质土在后期仍会经历从多孔隙到密实状态的转变过程，只是加荷初期，由于之前的预压作用，使得其C_v较未预压样相对较小，如前文图3.6(a)中预压50kPa试样；当预压荷载超过200kPa，土中架空大孔隙已经基本被压密，即预压荷载使得泥炭质土样完成了从多孔隙海绵状转变为相对密实状态，预压之后的再加荷p即使很小，土样也显示出密实状态下的特性，此时C_v远小于未预压试样，且C_v随p的变化不大。这表明，对于泥炭质土地基进行堆载预压处理时，预压荷载大小的选择非常重要。

3.6 本章小结

(1)不同取样场地、不同深度的泥炭质土，无论重塑还是原状试样，均满足固结系数C_v随着p的增大，呈现先快速减小，p超过100kPa之后，C_v逐步趋稳的规律；且加荷比R、加载方式对泥炭质土C_v-p关系影响不显著；C_v-p的关系可以用幂函数来表示。

(2)利用孔隙指数I_v和固有压缩曲线ICL分析可知，泥炭质土原状样不存在显著的结构性，是泥炭质土原状和重塑样C_v-p关系无明显差别的主要原因。

(3)经过预压的泥炭质土和未预压相比，当预压荷载≤100kPa时，C_v-p关系和未预压样基本一致；当预压荷载＞100kPa时，C_v较未预压样大幅度减小，并且C_v随p的增大变化不大；当固结压力p＞200kPa后，所有预压样C_v和未预压的大小基本相同，表明预压效果逐步消失。

(4)分别加载下，泥炭质土的压缩系数a_i和渗透系数k_v随着固结压力p的增大而减小，之后趋稳；C_v-e_i也有显著的相关性，C_v随着e_i的减小而下降。

(5) 建立并利用泥炭质土的微结构图分析可知，分级加载作用下，泥炭质土经历了从多孔隙状态到密实状态的转变过程。因此，当处在不同密实状态下，泥炭质土表现出来的固结特性差异较大。

第四章　高分解度泥炭土次固结特性及机理分析

4.1　概　　述

众多的工程实践表明[93, 94]，泥炭质土地基在长期荷载作用下次固结变形导致的工后沉降显著。因此，其次固结问题一直是研究热点。对于泥炭质土的次固结研究工作开展较早，多集中在次固结特性及其影响因素分析方面。比如：Dhowian 和 Edil[42]利用 4 组泥炭质土进行了分别加载的一维固结实验，发现次固结系数 C_α 与时间对数及固结压力有关。Mesri 等[91]通过对泥炭质土进行一维固结实验，发现在接近先期固结压力 p_c 时，次固结系数 C_α 随时间显著增大。Santagata 等[84]对有机质含量 40%～60%泥炭质土原状及重塑样进行了室内实验，并和非有机质土进行了对比分析，表明泥炭质土压缩蠕变更显著。Elsayed 等[44]通过室内实验研究了德国 Cranberry Bogs 地区泥炭质土工程特性，分析了生物分解时长对泥炭质土次固结系数 C_α 的影响，发现生物分解时间越长，C_α 越大。Badv 和 Sayadian[95]研究发现，不同有机质含量泥炭质土，其次固结系数 C_α 在固结压力为 12.5～200kPa 时是随着固结压力的增大而增大的。

由于物质组成及结构的复杂性，对泥炭质土次固结特性及相关机理的研究尚未成熟。针对以昆明及大理泥炭质土为代表的高原湖相泥炭质土开展了一系列的一维固结蠕变实验和压缩实验，系统分析了泥炭质土次固结特性及机理，并探讨了取样深度、固结压力 p、加荷比 R 和加载方式对次固结系数 C_α 的影响。

4.2　土的基本特性

由于特殊的地理位置和高原气候，环滇池、洱海区域属古代大片湖沼区，第四纪沉积深厚，软土尤其是泥炭和泥炭质土分布广泛。这给城市经济建设带来了许多问题。其中，较为突出的是软基工程的工后沉降[57, 96]。由于成岩时间短、上覆土层薄，该层土固结程度低、厚度大、工程性质差[57]。具体表现为可塑-流塑状、天然重度小(γ=9.6～17.4kN/m^3)、含水率高(w_0=51%～478%)、孔隙比大(e=1.5～10.4)、压缩性显著($\alpha_{1\sim2}$=0.66～16.1MPa^{-1})、承载力低等特点，是土木工程中性质特殊的软土。

土样分别取自云南省昆明市和大理市市区的 3 处工程场地，场地位置及取样过程简述如下。

(1) 场地一：地处昆明市广福路和滇池路交叉口附近，滇池盆地中部，距滇池湖岸约 2km。据勘查，钻孔揭露深度范围内，土层自上而下为：①层素填土(层厚 1.0～6.0m)、②层有机质土(层厚 0.5～9.4m)、③$_1$ 层泥炭质土(层厚 1.6～8.5m)、③$_2$ 层粉土(层厚 2.0～

16.5m)、③$_3$层含有机质黏土(层厚 1.5～8.7m)等。实验用土为钻孔编号 ZK33 中③$_1$层泥炭质土(本章中昆明泥炭质土特指该土层)，长期处于近似饱和状态，形成于全新世，属第四系湖沼相沉积软土。为了尽量保持土样的原状性，采用有固定活塞的薄壁取土器钻取。

(2)场地二：地处昆明市白龙路和新迎路交叉口附近，滇池盆地东北部边缘，距湖岸约 7km。该场地中③$_1$层泥炭质土埋深 2.1～8.6m，层厚 0.8～5.5m。通过机械开挖人工取土获得泥炭质土高质量块状土样。

(3)场地三：地处大理市洱源县右所镇西湖村附近，大理盆地西北部，距洱海约 11km，属于滨湖地貌，原为农田及沟塘洼地。土层自上而下为①层素填土(层厚 1.5～4.3m)，②层淤泥(层厚 0.7～3.4m)，③层淤泥质粉质黏土(层厚 3.8～6.7m)，③$_1$层泥炭质土(层厚 0.7～3.9m)，实验用土为③$_1$层泥炭质土，埋深 6.0～9.9m，属第四系湖沼相沉积软土。为了尽量保持土样的原状性，采用有固定活塞的薄壁取土器钻取。

通过室内实验测试取回土样基本物理指标，详见表 4.1。其中有机质含量依据《公路土工试验规程》[83]采用灼烧法测定，粒径分析实验采用 Beckman Coulter 公司产的 LS13320 型激光粒度仪进行。除粒组外，其他指标均为多组试样的平均值。

表 4.1　试样的物理性质指标

取样地	取土深度/m	颜色	含水率 w/%	孔隙比 e_0	重度 γ/(kN/m³)	相对密度 G_s	塑限 w_P/%	液限 w_L/%	粒组/%			烧失量 W_u/%	pH
									砂粒	粉粒	黏粒		
场地 1	6.2～6.4	黑色	217.0	4.13	11.8	1.87	118.5	286.6	44.4	50.4	5.2	43.2	6.5
	8.8～9.0	黑色	229.0	4.76	11.3	1.99	135.2	385.6	31.5	62.0	6.5	51.0	6.7
场地 2	2.5～2.8	黑色	115.6	2.83	15.1	2.33	92.2	331.6	—	—	—	18.5	5.6
场地 3	6.4～6.6	黑色	334.0	5.35	10.5	1.57	142.7	381.6	—	—	—	39.8	6.5

4.3　实 验 方 案

针对取回的土样，分别进行了压缩实验(14 组)和一维固结蠕变实验(24 组)。其中包含场地一土样 20 组，场地二土样 8 组，场地三土样 10 组。实验目的以及具体试样方案如表 4.2 所示。

表 4.2　实验方案

实验目的	实验名称	取样场地	试样编号	试样深度/m	试样状态	加荷序列/kPa	加荷比 R	总历时/d
1.确定先期固结压力 2.分析原状样结构性	压缩实验	场地一	K1-IN-1	6.2～6.3	原状	6.25→12.5→25→50→100→200→400→800→1600(每级 1d)	1.0	9
			K1-IN-2	6.2～6.3	原状			
			K1-Re-1	6.2～6.3	重塑			
			K1-Re-2	6.2～6.3	重塑			
			K1-IN-3	8.8～8.9	原状			
			K1-IN-4	8.8～8.9	原状			
			K1-Re-3	8.8～8.9	重塑			
			K1-Re-4	8.8～8.9	重塑			

续表

实验目的	实验名称	取样场地	试样编号	试样深度/m	试样状态	加荷序列/kPa	加荷比 R	总历时/d
1.确定先期固结压力 2.分析原状样结构性	压缩实验	场地二	K2-IN-1	2.5～2.8	原状	6.25→12.5→25→50→100→200→400→800→1600（每级1d）	1.0	9
			K2-IN-1	2.5～2.8	原状			
		场地三	D-IN-1	6.4～6.6	原状			
			D-IN-1	6.4～6.6	原状			
			D-Re-2	6.4～6.6	重塑			
			D-Re-2	6.4～6.6	重塑			
分析加荷比对土的次固结特性的影响	一维固结蠕变实验（分级加载）	场地一	K1-IN-5	8.8～8.9	原状	12.5→25→50→100→200→400→800	1.0	70
			K1-IN-6	8.9～9.0	原状	12.5→31→78→200→500→1250	1.5	70
			K1-IN-7	8.9～9.0	原状	12.5→37.5→112.5→337.5→1012.5	2.0	72
			K1-IN-8	6.2～6.3	原状	12.5→25→50→100→200→400→800	1.0	71
			K1-IN-9	6.3～6.4	原状	12.5→31→78→200→500→1250	1.5	71
			K1-IN-10	6.3～6.4	原状	12.5→37.5→112.5→337.5→1012.5	2.0	72
分析加载方式对土的次固结系数影响	一维固结蠕变实验（分别加载）	场地一	—	6.2～6.4	原状	25、50、100、200、400、800	—	约45
		场地二	—	2.5～2.8	原状		—	
		场地三	—	6.4～6.6	原状		—	

实验采用常规的WG型双联杠杆固结仪，试样高2cm、截面积30cm²，双面排水。在进行一维固结蠕变实验时，实验加载方式分为两种：分级加载和分别加载。分级加载实验共6组，加荷序列见表4.2，总历时70余天；各级荷载作用下试样稳定标准为变形速率小于0.001mm/h。分别加载试样数也为18组，每组历时约45d。

4.4　实验结果及分析

4.4.1　前期固结压力的确定

通过压缩实验，获得了14组泥炭质土原状样的 e–lg$p$ 曲线。如图4.1所示，该压缩曲线大致呈现反“S”形，最大曲率点不好确定，屈服后阶段的直线段也不明显。采用传统的Casagrande方法来确定固结屈服压力不好操作，且结果容易失真。故采用由Badv和Sayadian[97]提出的 ln(1+e)–lg$p$ 双对数法，Onitsuka等[98, 99]也证明了该方法的有效性。图4.2为泥炭质土原状样的 ln(1+e)–lg$p$ 双对数压缩曲线。

从图4.2中得出场地一昆明泥炭质土土样K1-IN-1、K1-IN-2前期固结压力约为50kPa，土样K1-IN-3、K1-IN-4为62kPa，而它们所在土层的平均有效上覆压力分别约为53kPa和56.5kPa。由此可知，该昆明泥炭质土土样分属正常固结和弱超固结状态。场地二昆明泥炭质土土样K2-IN-1、K2-IN-2前期固结压力约为50kPa，其所在土层的平均有效上覆压力约为37.5kPa，处于超固结状态，这可能和该场地曾经有过多层建筑有关；场地三大理泥炭质土土样 D1-IN-1、D1-IN-2 前期固结压力约为 40kPa，其所在土层的平均有效上覆压力约为 46kPa，基本处于正常固结状态。

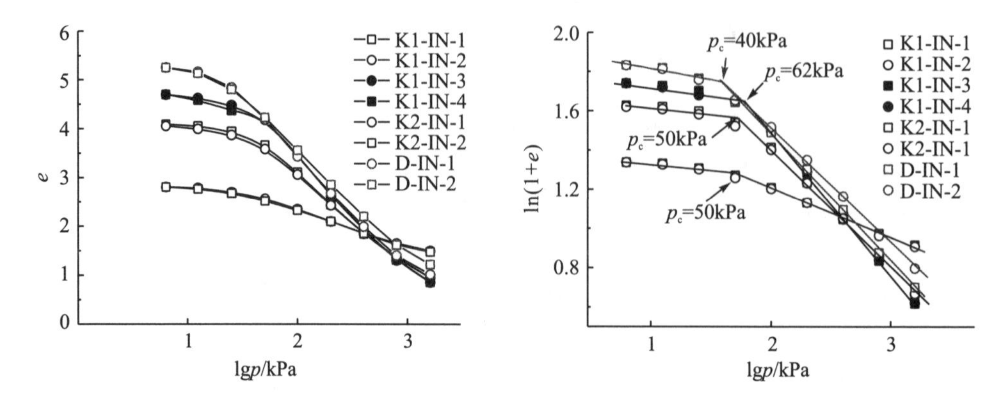

图 4.1　泥炭质土原状样的 e–lg$p$ 曲线　　　图 4.2　泥炭质土原状样的 ln(1+e)–lg$p$ 曲线

4.4.2　泥炭质土一维固结蠕变时程曲线特征

根据太沙基理论，e–lg$t$ 曲线在初始阶段为一曲线，而后会出现反弯点，因而可用 Casagrande 作图法来确定主次固结的分界点(EOP 点)。图 4.3 为一维固结实验得到的典型的 e-lg$t$ 关系曲线，该曲线反映了土体在外界荷载作用下的两个过程：主固结和次固结过程。Buisman 认为在次固结变形阶段，变形和时间对数基本呈线性关系，并提出了次固结系数的概念，计算方法见式(4.1)，可以得到相应的次固结系数 C_α。

$$C_\alpha = -\Delta e / (\lg t - \lg t_p) \tag{4.1}$$

式中，Δe 为次固结阶段的孔隙比变化；t_p 为主固结完成时刻，也被认为是主、次固结的分界时刻；t 为次固结量的计算时刻。

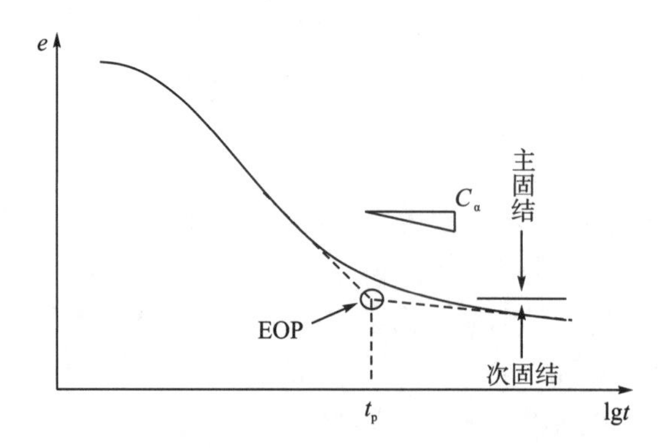

图 4.3　土的一维固结典型 e–lg$t$ 曲线

通过室内一维固结蠕变实验，得到原状样的孔隙比与加载时间对数关系曲线，土样编号为 K1-IN-8～K1-IN-10 的实验结果如图 4.4 所示。其中部分小固结压力下的 e–lg$t$ 曲线予以放大，见各图右侧所示。

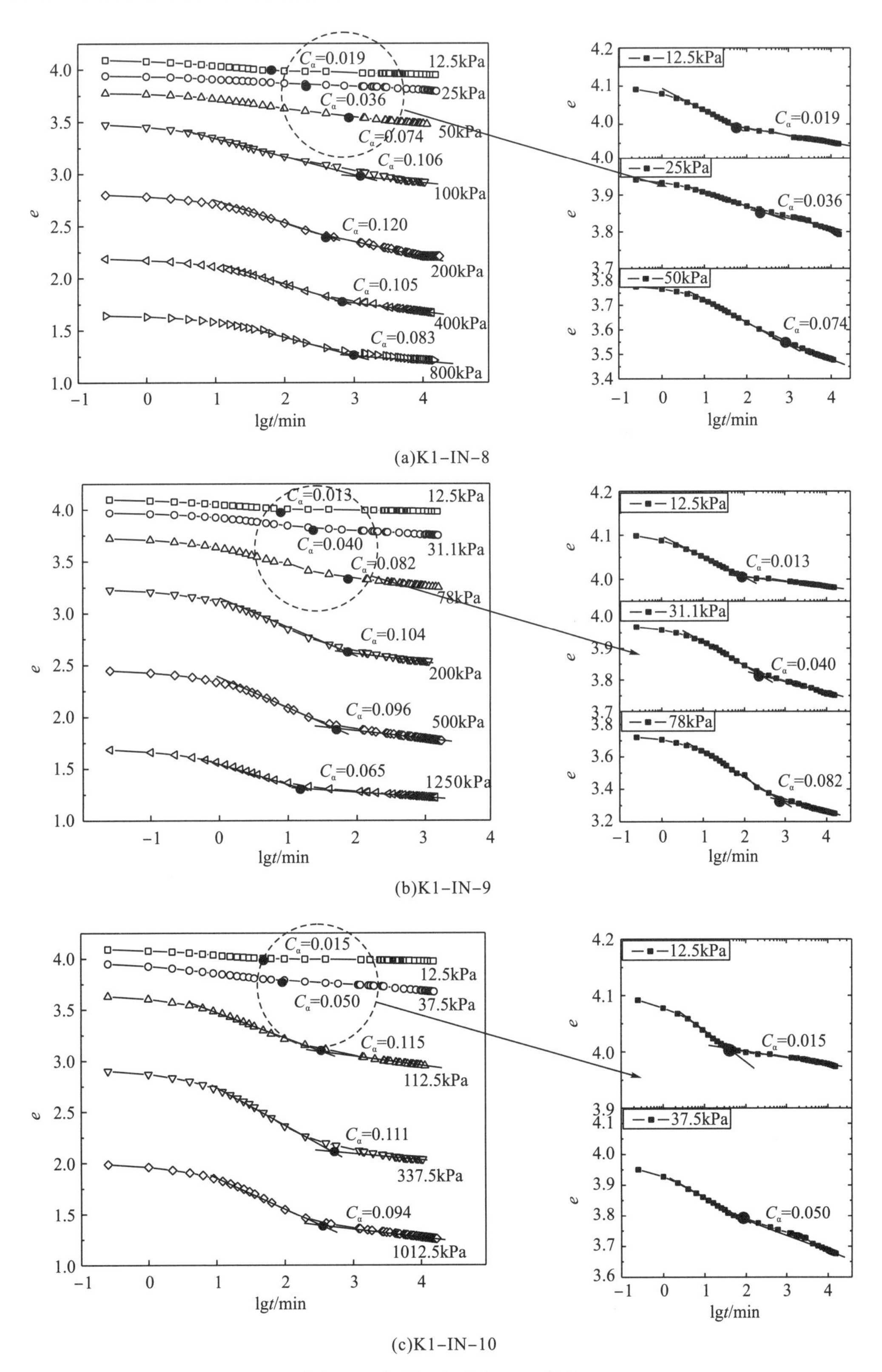

图 4.4 典型泥炭质土 e-lg$t$ 曲线

从图 4.4 可知，e-lg$t$ 曲线均呈现反“S”形，可采用卡萨格兰德(Casagrande)作图法来确定主次固结的分界时间点 t_p 并计算相应的次固结系数 C_α。分析图中主固结完成时间 t_p 可以发现，在 p=12.5～100kPa 范围内，t_p 呈现增大趋势，表明完成主固结所需的时间增长；超过 100kPa 之后，t_p 随 p 的增大呈一定的波动变化。编号 K1-IN-5～K1-IN-7 试样 e-lg$t$ 曲线特征和以上类似，不再赘述。

各级荷载作用下，次固结变形量 S_s 在土的总压缩变形量 S 中的比例较大，编号 K1-IN-8～K1-IN-10 的试样次固结变形量的比例分别为 26.4%、23.0%和 28.0%，平均为 25.8%；编号 K1-IN-5～K1-IN-7 试样的为 37.8%、33.9%和 34.6%，平均值为 35.4%，表明泥炭质土次固结变形严重，工程建设中应加以足够的重视。

4.4.3 固结压力 p 对次固结系数 C_α 的影响

分别对不同加荷比 R、不同深度的 6 组分级加载试样和 18 组分别加载试样的次固结系数 C_α 进行分析，探讨固结压力 p 对 C_α 的影响，如图 4.5 所示。

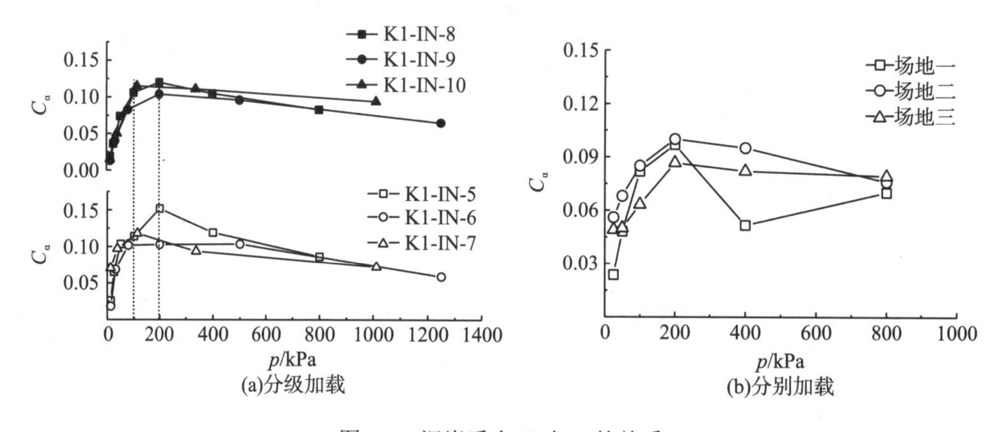

图 4.5 泥炭质土 C_α 与 p 的关系

由图 4.5(a)可知，不同场地、不同加荷比泥炭质土 C_α 均与 p 有关，呈现随着 p 增大 C_α 先迅速增大，到达峰值后逐步减小的规律，C_α 峰值大多在 p 为 100～200kPa 时产生。加荷比 R 对 C_α 的影响在 p<100kPa 阶段内不明显，之后有一定的表现，但没有明显的规律。从图 4.5(b)中还可看出，分别加载试样 C_α 较分级加载的略小，除场地一中加载 p=400kPa 点异常外，其 C_α-p 关系和分级加载的相似。此外，高原湖相泥炭质土的 C_α 为 0.015～0.15，远高于非有机质软土的 0.001～0.03[100]。

已有众多文献对土的 C_α-p 关系做了报道。对于重塑土，呈现 C_α 随着 p 增大而减小并趋稳的规律[101, 102]，表征重塑土在不断增大的荷载作用下逐渐被压密。对于原状土，土的结构性会对压缩性产生显著影响。Mesri 和 Choi[103]指出土体结构的破坏会同时引起土体压缩指数及次压缩系数的增大。吴宏伟等[104]对上海软黏土进行的一维压缩实验也得出类似的结论。原状土常表现出随着 p 的增大，C_α 增大到峰值，峰值对应的 p 和土样的先期固结压力 p_c 相近，峰值之后 C_α 呈现两种减小规律：小幅减小并趋稳[105]及大幅度减小并趋稳[106]。分析土的压缩机理可知，作为特殊的散粒体材料，侧限条件下土的次固结变形难易程度主要由土骨架刚度决定，而原状土土骨架刚度又与土的结构性及密实度有关。一方面，分级加载过程中土的结构性不断损伤，导致刚度下降；另一方面，土体逐渐压密对土骨架刚度恢复是有利的。不难得出这样的结论：次固结系数 C_α 的变化趋势由土骨架刚度变化趋势决定，C_α 峰值点可看作是土骨架刚度从减小趋势向增大趋势过渡的转折点[107]。重塑土 C_α-p 关系曲线中普遍不存在峰值，是因为重塑土在荷载作用下压密过程中，土骨架刚度基本保持增大的趋势，没有刚度变化趋势转折点。

分析图 4.5 可知，高原湖相泥炭质土 C_α-p 关系和普通原状土看似一致，实则存在差异，其 C_α 峰值对应的 p 为 100～200kPa，而并非 p_c。朱俊高和冯志刚[108]在对宁波某地区 3 组原状软土进行一维固结蠕变实验时，也发现 C_α 峰值对应的 p 为 200kPa 而非 p_c 的现象，但没有给出详细的解释。

泥炭质土原状样的 C_α 峰值是否也与结构性的损伤有关？这首先需要分析泥炭质土的结构性。可利用 Burland[89]在 1990 年提出归一化参数——孔隙指数 I_v 来进行定量分析，I_v 和土的液性指数 I_L 类似，其计算式为式(4.2)：

$$I_v = \frac{e - e_{100}^*}{e_{100}^* - e_{1000}^*} \tag{4.2}$$

其中，e_{100}^* 和 e_{1000}^* 分别为外加应力 100kPa 及 1000kPa 时对应的孔隙比。Burland[89]利用 I_v 对初始含水率为液限 1.0～1.5 倍的重塑土进行归一化，提出了重塑土的固有压缩曲线(ICL)，原状样的 I_v-lg$p$ 曲线和 ICL 曲线间的差别 ΔI_v 被认为是由土的结构性造成。ICL 曲线的提出，为土的结构性研究提供了有效的手段。对图 4.1 中 4 组泥炭质土原状样孔隙指数 I_v 进行归一化分析，如图 4.6 所示。

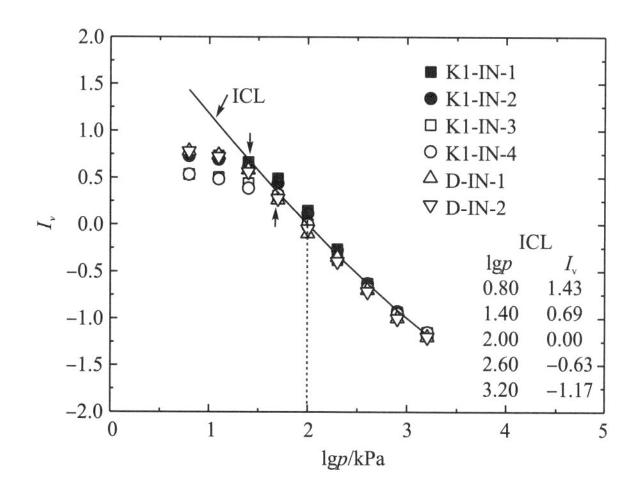

图 4.6　泥炭质土原状样 I_v-lg$p$ 关系图

从图 4.6 中可以看出，p 超过 p_c 之后，6 组原状土样均很好地归一于 ICL 曲线中，表明该土的结构性极微弱；尤其是在 p=100～200kPa 范围内，ΔI_v 几近为 0。这是因为泥炭质土中富含有机质，其中的多糖和腐殖物质具有松软、絮状、多孔的特性，土中黏粒被它们包裹后，易形成散碎的团粒[33]，使得土的结构强度重要来源——土粒结点固化[86]无法发生，导致泥炭质土中未形成明显的结构性。显然，泥炭质土 C_{α} 峰值不是由结构性引起。

泥炭质土 e-lg$p$ 曲线中出现的 p_c 并未导致 C_{α} 出现峰值，笔者认为图 4.2 中确定的泥炭质土前期固结压力 p_c，并非和普通原状土的 p_c 一样在某种意义上是土的结构性体现，图 4.6 也说明了这点。此处 p_c 主要是由土的吸力 p_0 产生。Hong 等[109]指出重塑软黏土压缩过程中同样存在类似于天然沉积土的固结屈服压力，并将其定义为重塑屈服压力，重塑黏土在固结压力大于重塑屈服压力之后才能归一于固有压缩曲线 ICL。Hong[110]认为重塑屈服压力即重塑土的吸力。因此，可以通过确定泥炭质土重塑样的重塑屈服压力来确定土的吸力。

利用泥炭质土重塑样 e-lg$p$ 曲线、ln(1+e)-lg$p$ 双对数曲线，可以分析重塑土压缩特征、确定重塑屈服压力 p_s，如图 4.7、图 4.8 所示。从图中可知，不同深度泥炭质土重塑样和原状样的 e-lg$p$ 曲线基本一致，最大曲率点位置相近，两个场地泥炭质土重塑屈服压力 p_s 即土的吸力 p_0 约为 50kPa 和 37kPa，略小于前期固结压力 p_c，p_c 与 p_s 之间差值是泥炭质土本身微弱结构性所导致的，可知泥炭质土原状样的 p_c 所反映的主要是土的吸力强度。值得注意的是，普通重塑土的吸力 p_0 通常在 0.5～20kPa[109, 110]范围内，而本章泥炭质土的却分别高达 50kPa 和 37kPa，这可能和土中富含有机质有关。腐殖酸在有机质中的比例高达 90%以上，是一种亲水胶体，有强大的吸附能力，单位重量腐殖物质的持水量是硅酸盐黏土矿物的 4～5 倍，最大吸水量可超过其本身重量的 500%[33]。

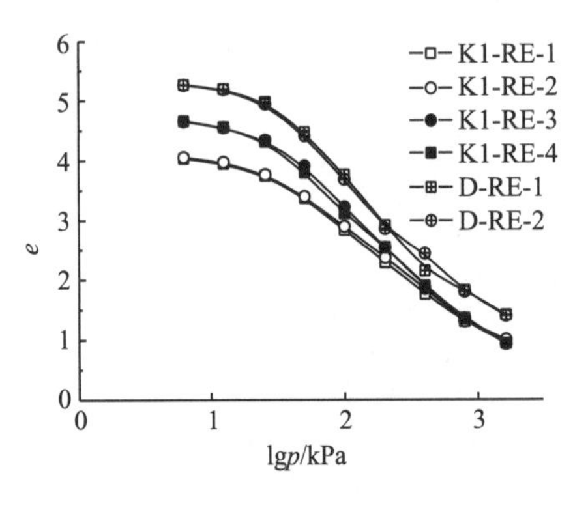

图 4.7 泥炭质土重塑样的 e-lg$p$ 曲线

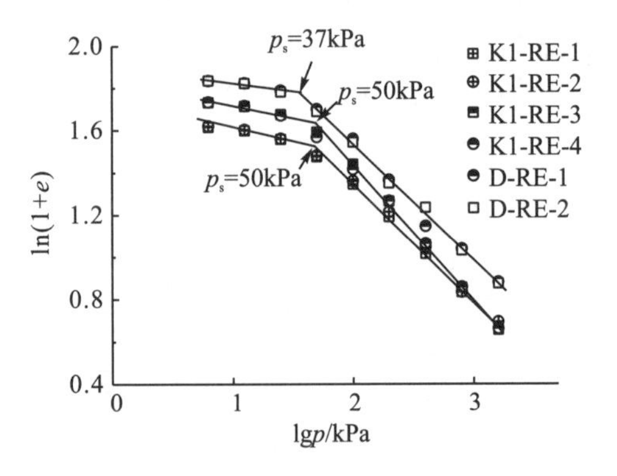

图 4.8 泥炭质土重塑样的 ln(1+e)-lg$p$ 曲线

4.5 泥炭质土次固结特性机理分析

实验结果中 C_{α} 峰值由何导致的呢？现从物质组成及土的微结构角度分析泥炭质土次固结特性，并探求该问题的答案。滇池泥炭质土主要由砂粒、粉粒、黏粒团聚体、有机质胶体及碳化植物纤维残体构成，比普通软土的物质成分更加复杂，微观结构方面亦有很大差别。蒋忠信[57]项目组对滇池地区泥炭质土进行了大量微观结构研究，发现以蜂窝状结构、架空结构和球状结构为主，这些结构主要靠水膜和有机质连接。土中孔隙按大小和存在形式可分为[57]微团聚体、团聚体、有机质内的微孔隙，孔径一般为 1～5μm；架空的大孔隙，直径一般大于 10μm；植物体中的孔隙，大小不一。泥炭质土试样的初始孔隙比大，在荷载作用下发生了复杂的排水固结和压缩变形，土的微观结构也发生变化，利用第三章中图 3.12 所示泥炭质土微结构模型对此过程进行分析。

(1) 初始状态时，土颗粒之间散布了大量的团聚体、有机质胶体及碳化植物纤维残体，土颗粒未真正构成土骨架并起到承担外部荷载作用。土中富含孔隙，主要为架空大孔隙 1 和微孔隙 2；孔隙中含有孔隙水，基本处于饱和状态，如图 3.12(a) 所示。需要说明的是[33]，泥炭质土中有机质成分复杂，以腐殖质和残余植物根系为主；腐殖质和黏粒紧密结合，多存在于黏粒团聚体中；游离态的腐殖质胶体并不多见，且多属不定形体，大小不一，结构通常不稳定，图中仅为示意。

加载时，荷载开始主要由架空大孔隙中的孔隙水承担。随着孔隙水的排出，大孔隙逐步缩小；土团聚体之间的水膜和有机质胶结作用力被克服，土团聚体相对位置不断调整并被挤压，逐步开始承担固结压力，起到类似土骨架的作用；在逐步承担固结压力的过程中，土团聚体微孔隙中产生超静孔隙水压力并增大，促使微孔隙中的水缓慢排出。由于加载初期连通的大孔隙较多，土的渗透性强，大孔隙中超静孔隙水压力很快消散为零，即主固结结束。主固结结束后土团聚体进一步压缩、微孔隙水缓慢排出，这一过程即所谓的次固结，这和普通土次固结变形阶段“土颗粒的蠕动、不存在超静孔隙水压力”不同。文献[111]也曾提出，宏观和微观结构影响泥炭质土的固结，最初固结是其宏观结构中水的排出，而次固结过程中则是微孔隙和宏观结构中的水极缓慢排出。

在分级加荷没有将泥炭质土中架空大孔隙基本压缩排除的情况下，p 越大，次固结阶段微孔隙水排出的速度越快，次固结变形越显著，次固结系数 C_α 越大，这就是 p 从 0kPa 至 100kPa(或 200kPa) 不断增大时 C_α 也增大的原因。

(2) 当 p 超过 C_α 峰值对应的固结压力后，土体中的大部分架空大孔隙已经被压密，土团聚体体积亦被压缩、位置也不断调整至相对稳定状态。从宏观上看，此时土体发生了显著变形，根据本章实验结果，在 p=100kPa 时，土样累积变形 S 可达 5mm，200kPa 时，S 高达 8mm。原先散布未起到土骨架作用的土颗粒(主要为粉粒及砂粒)，逐步压缩靠近形成土骨架，如图 3.12(b) 所示。该阶段，主固结过程主要是微孔隙及残余大孔隙中孔隙水的排除；次固结变形除了土颗粒的错位及蠕动，还存在有机质胶体、碳化植物纤维残体及压缩后的黏粒团聚体的逐步压缩变形，因而泥炭质土的 C_α 普遍比普通软土要大。该阶段泥炭质土的次固结特性类似于重塑土，随着 p 增大，对砂粒、粉粒组构的土骨架进一步产生压密作用，C_α 逐步减小，之后趋于稳定。

Burland[89]认为当 $I_v<0$ 时土体是密实的，$I_v>0$ 时土体是松散多孔隙状态的。以此为参考，将 $I_v<0$ 的泥炭质土视为处于相对密实状态。综合以上机理分析可知，分级加载作用下，泥炭质土经历了从原先的多孔隙状态到相对密实状态的转变，故 C_α 峰值对应的 p 可视为状态转化的临界荷载。

4.6 C_α与C_c的关系

Mesri 和 Choi[112]经过研究发现，自然界中大多数的原状土类，都具有次固结系数和压缩指数比值 C_α/C_c 为某一常数的特性，称为土的 C_α/C_c 压缩法则。从力学机理上来看，C_c 和 C_α 分别体现应力和时间因素对土的压缩变形的影响；虽然分属于主固结和次固结阶段，但二者有很好的相关性，这点可从数据统计时相关系数 R^2 高达 0.95 以上[112]得到说明。利用此规律，在实际工程中可用实验易确定的 C_c 来预测相对难获得的 C_α。

对于泥炭质土的 C_α/C_c 值很多学者做了研究[12, 91, 95, 113, 114]，发现大部分在 0.06±0.01 范围内，为自然界各土类中最大者。参照 Mesri 和 Castro[115]的方法对本次分级加载条件下实验数据进行分析，得到昆明泥炭质土的 C_α、C_c 及二者关系，见图 4.9。

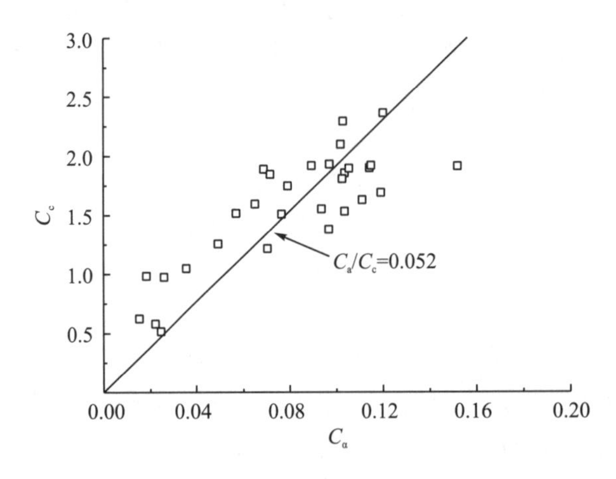

图 4.9 昆明泥炭质土 C_α 与 C_c 关系

从图 4.9 中可以看出，昆明泥炭质土的比值 C_α/C_c 为 0.052，在 0.06±0.01 范围内，该结果和前人研究结果一致。但是，二者的相关性较差，R^2 只有 0.67 左右。出现这一现象的原因可能是本次实验包含了 3 种加荷比，而前人研究成果中高达 0.95 的相关系数只是针对加荷比为 1 的试样。Fox 等[116]对 Middleton 泥炭质土的室内一维固结实验，也得出部分试样 C_α 与 C_c 的相关系数 R^2 仅有 0.65 的结果。

4.7 本 章 小 结

(1) 一维固结蠕变实验结果表明，高原湖相泥炭质土 e-lg$t$ 曲线基本上为典型的反“S”形曲线；在固结压力 p 为 12.5～100kPa 范围内，主固结完成所需的时间 t_p 随着 p 增大而增大；各级荷载作用下，次固结变形量 S_s 在土的总压缩变形量 S 中的比例较大，表明泥炭质土次固结变形严重，工程建设中应加以足够的重视。

(2) 泥炭质土的次固结系数 C_α 随着 p 的增大，呈现先快速增大，峰值之后逐步减小趋稳的规律，C_α 峰值对应的 p 为 100～200kPa。加荷比 R 对 C_α 的影响在 C_α 达到峰值前较小，超过峰值之后表现得比较显著，但没有明显的规律。

(3) 建立并利用泥炭质土的微结构图分析可知，分级加载作用下，泥炭质土经历了从多孔隙状态到相对密实状态的转变过程，C_{α}峰值对应的p可视为状态转化的临界荷载。

(4) 昆明泥炭质土的次固结系数和压缩指数具有一定的相关性，其比值C_{α}/C_{c}为0.052，和前人研究结果基本一致。

较之普通土，泥炭质土次固结变形更加显著，机理更加复杂，次固结系数的影响因素也更多，而本章所得结论也仅基于有限试样得出，为了能更好地分析泥炭质土地基在长期荷载作用下由蠕变所引起的工后沉降问题，还需要进一步加强该方面的实验研究。

第五章　轴向卸荷条件下泥炭土回弹变形实验研究

5.1　概　　述

城市建设中深大基坑、地铁隧道等地下工程不断涌现，卸荷条件下软土工程性质研究也越来越受到重视，研究成果包括卸荷条件下软土的应力-应变关系、强度、流变等典型力学特性。通常，土的卸荷主要包括侧向卸荷、轴向卸荷及双向卸荷。侧向卸荷及双向卸荷具有广泛工程背景，典型的如基坑开挖时侧壁及壁边坑底土体的稳定及变形，和此有关的研究开展得较早。刘国彬和侯学渊[117]利用改进的应力路径三轴仪，研究了上海地区的几种典型软土的卸荷变形模量与应力路径的关系表达式。李德宁等[118]研究了上海地区不同深度的不同土层在两种典型卸荷应力路径下的变形特性，分析了回弹率及回弹模量与卸荷比的变化关系。周秋娟和陈晓平[119]研究了侧向条件下珠江三角洲相沉积的典型灰黑色淤泥质软土的力学特性。轴向卸荷条件下土的工程性质研究多与土体回弹变形问题有关，如大面积基坑开挖中心区域坑底土回弹、堆载预压及动力加固软基后卸荷回弹等。这方面的研究成果也非常丰富。师旭超等[120]利用常规压缩仪研究了卸荷作用下淤泥变形规律。潘林有和胡中雄[121]对深基坑卸荷回弹问题进行了研究，通过固结回弹实验分析了温州地区浅层原状粉质黏土的回弹率、回弹模量，及其与卸荷比、预压荷载的关系。师旭超和韩阳[122]设计了新的渗透固结仪，研究了软黏土试样在经受卸荷作用后回弹变形中的吸水规律，进一步揭示了卸荷回弹变形机理。常青等[123]研究了原状和重塑淤泥土样卸荷次回弹变形特性。这些研究成果使得人们对卸荷条件下软土的工程性质认识更加深入。

据统计，泥炭质土在全世界 59 个国家和地区有所分布，总面积超过 415.3×10^4km^2；我国泥炭质土的分布面积为 4.2×10^4km^2 左右[2]。由于特殊的地理位置和高原气候，滇池盆地第四纪沉积深厚，软土尤其是泥炭和泥炭质土分布广泛。由于形成时间短、上覆土层薄，因而泥炭质土层固结程度低、厚度大、性质差[57]。具体表现为天然重度小(γ=9.6～17.4kN/m^3)、含水率高(w_0=51%～478%)、孔隙比大(e=1.5～10.4)、压缩性高($a_{1\sim2}$=0.66～16.1MPa^{-1})、承载力低等特点[82]，是土木工程中性质极差的特殊软土，给昆明市的城市建设带来了许多问题。环滇池地区是昆明城市发展的核心区域，诸如深大基坑、轨道交通、滇池下穿隧道等重大地下工程在建或拟建，决定了对泥炭质土卸荷回弹特性开展系统研究来指导相关工程的设计和施工，具有重要的理论价值和现实意义。从轴向卸荷条件入手，针对昆明泥炭质土开展了一系列室内实验，系统分析了其在分级卸荷及完全卸荷条件下的回弹变形规律，获得了一些新的认识和成果。

5.2　取样及其基本特性

土样取自昆明市广福路和滇池路交叉口附近某待建场地。该场地位于滇池以北，距湖岸约 2km，土样长期处于近似饱和状态，属典型的湖沼相软土。为了尽量保持土样的原状性，采用活塞式薄壁取土器钻取地下一定埋深的土样，其基本物理指标详见表 5.1。

表 5.1　试样的物理性质指标

取土深度/m	含水率 w/%	孔隙比 e_0	重度 γ/(kN/m³)	相对密度 G_s	塑限 w_P/%	液限 w_L/%	粒组/%			有机质含量 W_u/%	pH
							砂粒	粉粒	黏粒		
6.2～6.4	217	4.13	11.8	1.87	118.5	286.6	44.2	50.4	5.4	43.2	6.5

5.3　实验方法及方案

为了模拟大面积卸荷，常采用常规的固结回弹实验[120，121，123]。本章分别设计了分级卸荷和完全卸荷条件下土的回弹变形实验，用以分析泥炭质土卸载回弹特性及时间效应。实验采用 WG 型单杠杆固结仪，试样高 2cm、底面积 30cm²，双面排水。

5.3.1　分级卸荷条件下泥炭质土回弹实验

将泥炭质土分别预压至 100kPa、200kPa、300kPa、400kPa，每个预压荷载下均做三组平行实验。在进行预压时，由于土样过于软弱，为了防止加荷过快导致的剪切破坏使土样歪斜，预压时采用分级加载。如预压 200kPa，按照 0→50kPa→100kPa→150kPa→200kPa 顺序加荷，每级加压历时 1h，加载至 200kPa 时，让土样固结 24h，再进行之后的分级卸荷回弹实验，由此研究分级卸荷条件下泥炭质土的回弹变形。

5.3.2　完全卸荷条件下泥炭质土回弹蠕变实验

考虑到卸荷回弹变形需要的时间较长，设计了几组泥炭质土回弹蠕变实验，分析完全卸荷条件下泥炭质土回弹全过程。回弹蠕变实验具体过程是先将泥炭质土分别预压(预压时同样采取分级加荷)，让土样固结 24h 之后将土样卸荷，卸荷时直接将土样的预压荷载卸载为 0kPa，给土样充分回弹变形的时间直至稳定，稳定标准为变形速率小于 0.001mm/h，每组土样的卸荷时长为 10d 左右。

5.4　实验结果与分析

在分析卸荷条件下土的回弹变形时，常用到以下参数[118，120，121]。

(1) 卸荷比 R：

$$R = \frac{(p_{\max} - p_i)}{p_{\max}} \tag{5.1}$$

式中，$p_{\max}$为加荷最大值；p_i为各级卸荷值。

(2) 回弹率 λ：

$$\lambda = \frac{(e_i - e_{\min})}{e_{\min}} \tag{5.2}$$

式中，$e_{\min}$为对应的最小孔隙比；e_i为与各级荷载卸荷后对应的孔隙比。本节将重点分析不同卸荷条件下 R 与 λ 及其他相关指标的关系，并对回弹时间效应进行探讨。

5.4.1 分级卸荷条件下泥炭质土回弹变形特性

分级卸载时，每级卸荷下对应的泥炭质土孔隙比 e_i、回弹率 λ_i 的原始数据见表 5.2。分析不同预压荷载下泥炭质土压缩及分级卸荷回弹的 e–p 曲线，如图 5.1 所示。

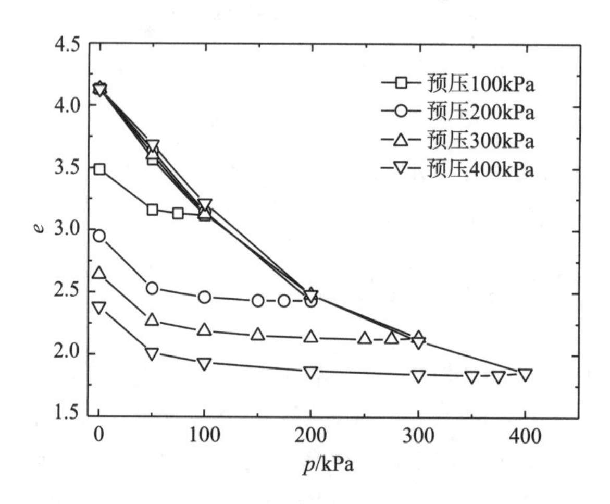

图 5.1 不同预压荷载泥炭质土分级卸荷 e–p 关系

表 5.2 实验原始数据

预压 100kPa			预压 200kPa			预压 300kPa			预压 400kPa		
p/kPa	e_i	λ_i	p/kPa	e_i	λ_i	p/kPa	e_i	λ_i	p/kPa	e_i	λ_i
100	3.12	0	200	2.44	0	300	2.14	0	400	1.86	0
75	3.13	0.005	175	2.43	0	275	2.13	−0.005	375	1.84	−0.009
50	3.16	0.014	150	2.44	0	250	2.13	−0.005	350	1.84	−0.011
0	3.49	0.119	100	2.46	0.011	200	2.14	0	300	1.84	−0.008
			50	2.53	0.039	150	2.15	0.008	200	1.87	0.006
			0	2.95	0.211	100	2.19	0.024	100	1.93	0.041
						50	2.27	0.061	50	2.01	0.083
						0	2.64	0.235	0	2.38	0.283
$\lambda_{\max}$		0.119			0.211			0.235			0.283

从图 5.1 可以看出，分级卸荷条件下，泥炭质土回弹变形具有以下特点：①当卸荷比较小时，回弹路径为一接近水平的直线，即不发生回弹变形；②当卸荷量达到一定水平时，才有较大的回弹变形发生；③最大回弹量与预压荷载有关。以上规律和普通软土回弹特性基本一致[120, 121]。

对分级卸荷下泥炭质土回弹变形后孔隙比 e 与时间 t 的关系进行分析。由图 5.2 可知，泥炭质土 e-t 关系和卸荷后的剩余荷载有关。卸荷值越小，即剩余荷载越大，泥炭质土的回弹量越小，回弹变形的时间越短，短暂的回弹变形之后甚至出现了压缩变形，如卸荷至 350kPa 时。这主要是由于泥炭质土在残余荷载作用下次固结显著。随着卸荷值的增大，回弹变形逐渐显著；当上部荷载卸至 0kPa 时，土的回弹变形最大。其余几组不同预压荷载泥炭质土的分级卸荷回弹特性和此基本一致，不再赘述。

从图 5.3 中可以看出，不同预压荷载作用下泥炭质土分级卸荷回弹率 λ 与卸荷比 R 有关。当 $R<0.5$ 时，$\lambda\approx0$，土样回弹量微小，甚至出现压缩变形；当 $R>0.5$ 时，才逐步产生回弹变形；当 $R>0.9$ 时回弹迅速增大。这表明昆明泥炭质土的回弹变形临界卸荷比 R_{cr} 为 0.5，强烈回弹卸荷比 R_u 为 0.9。潘林有和胡中雄[121]通过实验得出温州某原状粉质黏土

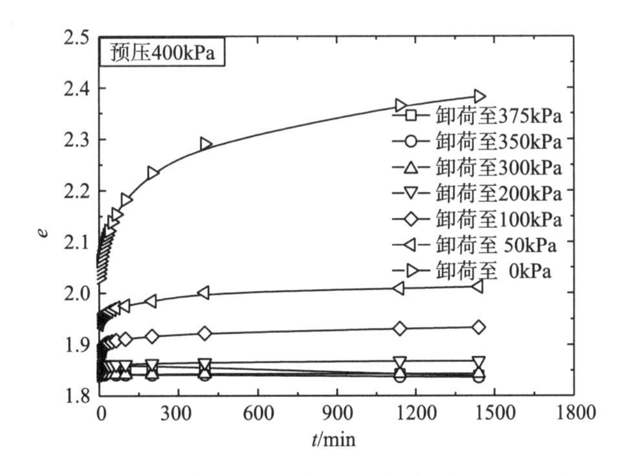

图 5.2　分级卸荷泥炭质土 e-t 关系(预压 400kPa)

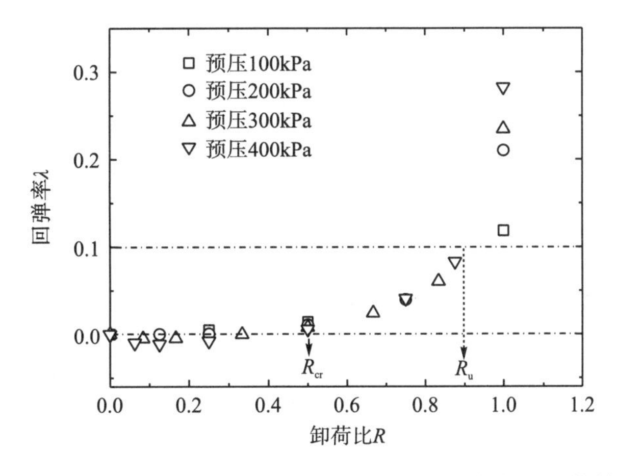

图 5.3　不同预压荷载泥炭质土卸荷回弹率 λ 与卸荷比 R 的关系

临界卸荷比为0.2；师旭超等[120]发现淤泥临界卸荷比为0.3；周秋娟[124]通过珠江三角洲相沉积淤泥质软土卸荷回弹实验得出临界卸荷比为0.8。这说明土性越差，回弹临界卸荷比越大。从图5.3中还可以看出，当上部完全卸荷，即R=1.0时，泥炭质土回弹率λ高达0.1～0.3，而淤泥类软土回弹率为0.05左右[120]、粉质黏土在0.003～0.005[121]。

在实际工程中，可利用泥炭质土卸荷回弹率λ与卸荷比R关系进行相关分析。如当基坑大面积开挖时，根据其回弹特性，从坑底向下可分成如下三个区域：

(1)当$0.9 \leqslant R \leqslant 1$时，$\lambda > 0.1$，强烈回弹区；

(2)当$0.5 \leqslant R < 0.9$时，$0 \leqslant \lambda < 0.1$，一般回弹区；

(3)当$R < 0.5$时，$\lambda < 0$，不回弹区。

将基坑土体视为均质单一土层，利用潘林有和胡中雄[121]提出的基坑卸荷回弹简易计算公式(5.3)，可大致估算强烈回弹区域的范围。

$$R = \frac{\alpha \gamma H}{\gamma (H + h)} \tag{5.3}$$

式中，H为基坑开挖深度；h为强烈回弹区深度；γ为土的重度；α为附加应力系数，此处$\alpha \approx 1.0$。将R=0.9代入式(5.3)，可得$h=H/9$，说明基坑开挖卸载条件下泥炭质土的强烈回弹区为从坑底至坑底以下深约基坑开挖深度的1/9处。例如开挖深度10m的基坑，强烈回弹仅发生在坑底以下1.1m左右的区域。

由图5.4可知，泥炭质土的最大回弹率λ_{max}与预压荷载p_r呈线性关系，预压荷载越大，最大回弹率越大。这和文献[121]的规律一致。这一规律说明基坑开挖深度越大，坑底土的回弹量也越大。

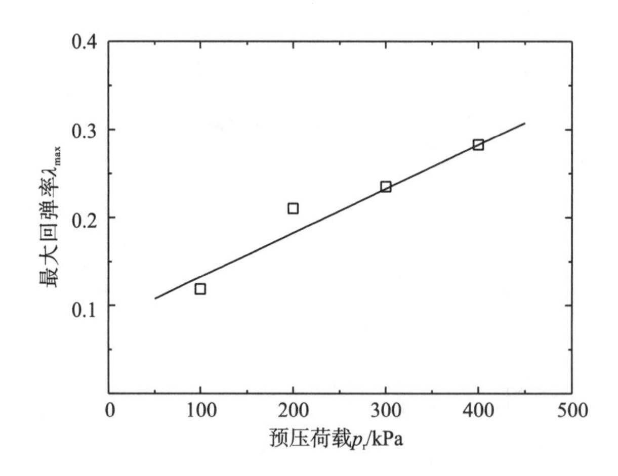

图5.4 泥炭质土最大回弹率λ_{max}与预压荷载p_r的关系

5.4.2 完全卸荷条件下泥炭质土回弹变形特性

土样从预压荷载直接卸载至0kPa时，称为完全卸荷条件。现对完全卸荷条件下泥炭质土的回弹变形特性及时间效应进行分析，几组不同预压荷载试样完全卸荷回弹变形量与时间的关系如图5.5所示。

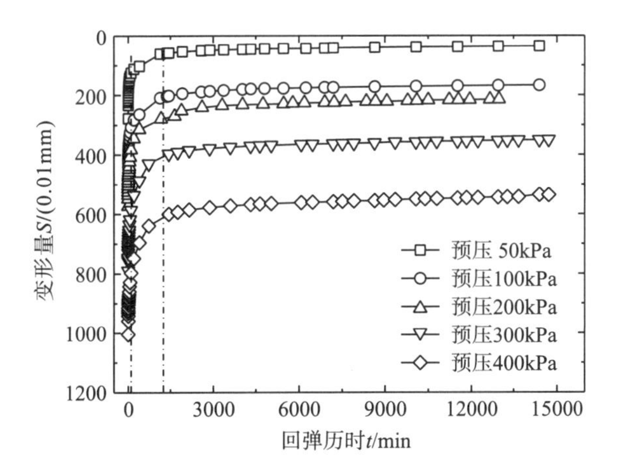

图 5.5　泥炭质土卸荷回弹变形量 S 与历时 t 的关系

从图 5.5 可知，完全卸荷条件下，土样发生显著回弹变形，且回弹历时长。以泥炭质土卸荷回弹变形量 S 与历时 t 曲线上两个拐点分别作为分界点，将整个回弹历程分为三个阶段。第一阶段回弹变形占整个回弹量的 30%～50%，回弹持续时间短，回弹速率在整个回弹过程内最大；第二阶段的回弹变形量为整个回弹变形的主要组成部分，占 40%～60%，其特点是回弹速率逐步减小；第三阶段的回弹变形速率基本保持不变，虽然历时最长，但该阶段的变形仅约占总回弹量的 5%。

参照土的压缩特性分析方法，对泥炭质土回弹过程 e-lg$t$ 曲线进行分析，见图 5.6。从图 5.6 中可知，泥炭质土回弹 e-lg$t$ 曲线形式上和固结蠕变曲线相似。可将其分为瞬时回弹阶段、主回弹阶段和次回弹阶段。瞬时回弹和主回弹阶段的时间分界点，即瞬时回弹基本结束的时间为 t_a，从图中可以看出，t_a 约为 5～30min，随着预压荷载的增大而增大；主回弹结束的时间 t_p 约为 1d，和预压荷载的大小关系不大。

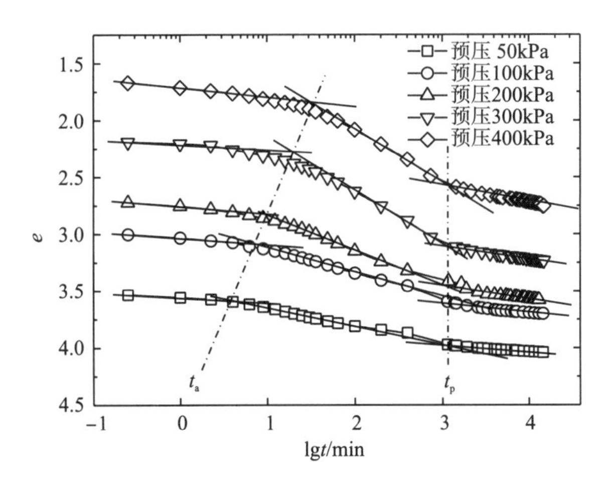

图 5.6　泥炭质土卸荷回弹 e-lg$t$ 关系曲线

参考土的次固结系数 C_α，定义泥炭质土回弹 e-lg$t$ 曲线上次回弹段直线的斜率为次回弹系数 C_{re}，如：

$$C_{re} = -\frac{e_i - e_p}{\lg t - \lg t_p} \tag{5.4}$$

式中，t 和 t_p 分别为卸载后经历的时间和主回弹完成时间；e_i 和 e_p 为对应时刻的孔隙比。得到不同预压荷载下泥炭质土次回弹系数 C_{re}，分析预压荷载和次回弹系数的关系，如图 5.7 所示。

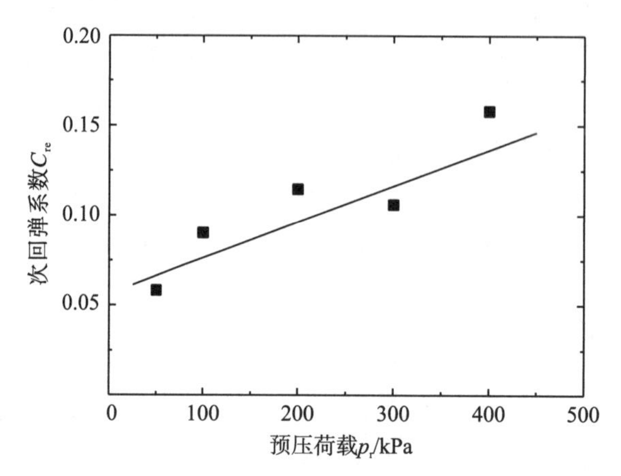

图 5.7 完全卸荷条件下泥炭质土次回弹系数 C_{re} 与预压荷载 p_r 的关系

由图 5.7 可知，承受 50～400kPa 预压荷载的泥炭质土在完全卸荷回弹条件下，其次回弹系数 C_{re} 为 0.05～0.16，且随着预压荷载的增大而增大。

从图 5.8 中可知，完全卸荷条件下泥炭质土的回弹残余变形量、回弹率和预压荷载有关，泥炭质土前期承受的预压荷载越大，卸荷后的回弹率越小，相应的残余变形量越大。

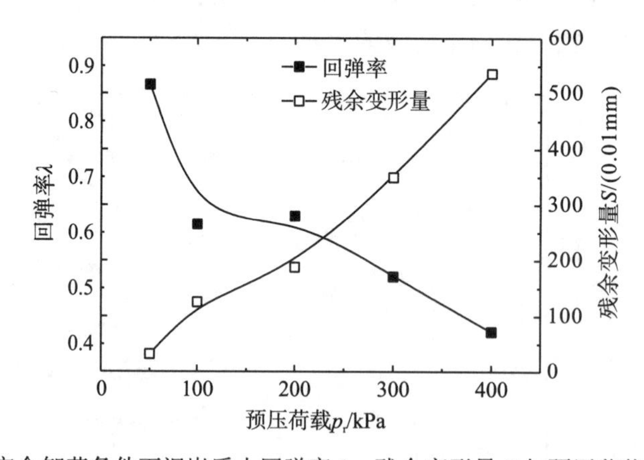

图 5.8 完全卸荷条件下泥炭质土回弹率 λ、残余变形量 S 与预压荷载 p_r 的关系

5.5 机理分析与探讨

由以上实验结果可知，相比非有机质土，泥炭质土具有临界卸荷比大、完全卸荷回弹率高的特点，且回弹变形过程具有显著的时间效应。这和泥炭质土物质成分及微观结构有关。

泥炭质土主要由砂粒、粉粒、黏粒团聚体、有机质胶体及碳化植物纤维残体构成[2, 44, 84, 95]，较普通软土的物质成分更加复杂，微观结构方面亦有很大差别。泥炭质土中含有大量孔隙，按大小和存在形式可分为：黏粒团聚体间的架空大孔隙，见图 5.9(a)；植物残体中大小不一的孔隙，见图 5.9(b)；黏粒团聚体、有机质胶体中的微孔隙。

(a)土团聚体间大孔隙

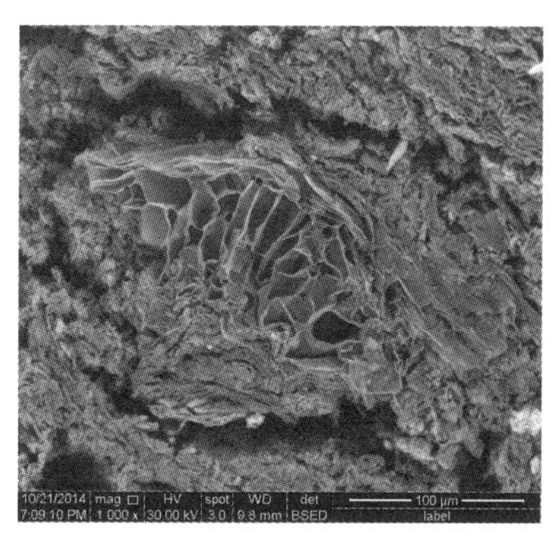

(b)植物纤维残体微孔隙

图 5.9　泥炭质土孔隙分布电镜扫描图

加载时，泥炭质土在荷载作用下发生了复杂的排水固结和压缩变形；卸载时，泥炭质土会发生水的回流及回弹变形。从能量的角度看，加载和卸载分属能量积累和释放的过程。显然，宜将土的加载压缩和卸荷回弹进行综合分析。泥炭质土试样的初始孔隙比大，在荷载作用下发生了复杂的排水固结和压缩变形，土的微观结构也发生变化，利用第三章中图 3.12 所示泥炭质土微结构图对此过程进行分析。初始状态时，土颗粒(砂粒和粉粒)之间散布了大量的团聚体、有机质胶体及碳化植物纤维残体。土中富含孔隙，主要为架空大孔隙 1 和微孔隙 2；孔隙中含有孔隙水，基本处于饱和状态，如图 3.12(a)所示。需要说明的是，泥炭质土中有机质成分复杂，以腐殖质和残余植物根系为主；腐殖质和黏粒紧密结合，多存在于黏粒团聚体中；游离态的腐殖质胶体并不多见，且多属不定形体，大小不一，结构通常不稳定，图 3.12 中仅为示意。

(1)天然状态泥炭质土受荷时，荷载开始主要由架空大孔隙中孔隙水承担；随着孔隙水的排出，超静孔隙水压力不断减小，架空大孔隙逐步被压密，该过程为土的主固结。由于加载初期连通的大孔隙较多，土的渗透性强，大孔隙中超静孔隙水压力很快消散为零，即主固结结束。主固结结束后，外部荷载逐步主要由黏粒团聚体、有机质胶体及植物纤维残体承担，黏粒团聚体中的微孔隙水缓慢排出；同时，有机质胶体及植物纤维残体中微孔隙也被压缩挤密。这一过程即是所谓的次固结，这和普通土次固结变形阶段是“土颗粒的蠕动、不存在超静孔隙水压力”不同。Adams[125]也曾提出，宏观和微观结构影响泥炭土的固结，最初固结是其宏观结构中水的排出，而次固结过程中则是微孔隙和宏观结构中的水极缓慢排出。泥炭质土压缩固结过程中，原先散布的土颗粒(砂粒和粉粒)逐步压缩靠近，土颗粒间发生错动，部分颗粒被挤压、挠曲，积聚了弹性势能，如图 3.12(b)所示。

(2)当被压密的泥炭质土卸荷时，土中积聚的能量得以释放，导致土体发生相应的回弹变形。对泥炭质土回弹变形长时间的观测可以发现，完全卸荷条件下回弹变形可分为三个阶段，即瞬时回弹阶段、主回弹阶段和次回弹阶段，其变形示意图如图 5.10 所示。

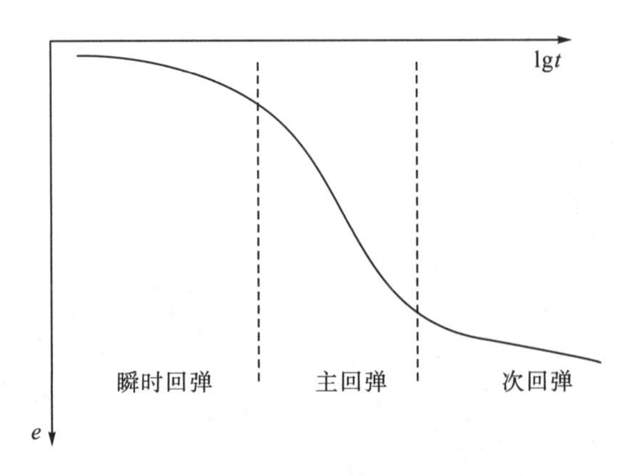

图 5.10 完全卸荷条件下泥炭质土卸荷回弹示意图

瞬时回弹阶段：由于土颗粒在压缩作用下发生变形积累的弹性势能得以释放，土体迅速回弹，称为瞬时回弹变形。瞬时回弹阶段弹性回弹变形量相对较小。由图 5.6 可知，瞬时回弹持续时长 t_a 和预压荷载有关。预压荷载越大，瞬时回弹持续时间越长，表明压缩阶段积累的弹性势能需要更长时间来释放。

主回弹阶段：主回弹的能量来源于被压缩的黏粒团聚体、有机质胶体回弹势能和土颗粒回弹残余弹性势能继续释放。土中负的超孔隙水压力在瞬时回弹阶段开始产生，此时达到最大值，使得在预压固结沉降时排出土体的孔隙水回流，部分被压密的架空大孔隙得以恢复。在主回弹阶段，土样体积变化等于吸入土体的孔隙水的体积[122]。此外，由于泥炭质土中含有大量有机质，在没有外荷载的情况下，被压缩脱水的有机质容易吸水膨胀使得回弹变形量大，这是泥炭质土完全卸荷条件下回弹变形率远高于非有机质土的主要原因。据研究，腐殖酸在有机质中的比例高达 90%以上，是一种亲水胶体，有强大的吸附能力，单位重量腐殖物质的持水量是硅酸盐黏土矿物的 4～5 倍，最大吸水量可超过其本身重量的 500%[33]。由于在压缩固结过程中孔隙压密使得土体渗透性降低，排出的孔隙水回流速度也相对缓慢，故主回弹阶段持续时间相对较长。

次回弹阶段：黏土团聚体、有机质胶体和植物纤维残体中原先压密的部分微孔隙结构在卸荷时有恢复原状的趋势。随着时间的增长，这些压密的微孔隙再次恢复并被水充满，使得土体逐渐发生微量回弹。即次回弹阶段仍有吸水现象发生，只是吸水量极少。这和文献[122]的观点“软黏土次回弹阶段，试样并未吸水，仍有少量变形，是由于土骨架自身蠕变所致”有所不同。

由以上分析可知，瞬时回弹阶段土颗粒的压缩变形得以恢复，主回弹阶段被压缩的部分架空大孔隙得以恢复；次回弹阶段泥炭质土中的部分微孔隙得以恢复。需要指出的是，三个阶段中的回弹变形并非严格割裂的，如瞬时回弹阶段中还可能有少量架空大孔隙和微孔隙的恢复，只是该阶段以土颗粒的压缩变形回弹为主。显然，促使土体卸荷回弹的能量中，除了被压缩变形的土颗粒在卸荷时的回弹势能较大外，其余几种能量均比较弱小。故当有外荷载存在，即分级卸荷条件时，泥炭质土的回弹变形很快结束、再次发生压缩变形，通过实验甚至无法观测到明显的主回弹及次回弹阶段。从长远分析，软黏土地基发生回弹的过程是一个暂时的趋势，而发生沉降变形是必然的趋势[122]。Samson[58]在对 Muskeg 泥炭质土路基预压时，也观测到卸荷回弹后伴随着发生了 1.3～3.8cm 的次固结沉降。

综合以上实验结果可知，泥炭质土的回弹变形特性和非有机质土有很大差别，完全卸荷条件下回弹变形是非有机质土的数十倍以上。但是其回弹的临界卸荷比 R_{cr} 和强烈回弹卸荷比 R_u 大，卸荷之后的强烈回弹区小，仅由土体卸荷回弹导致的基坑坑底回弹量不大。在实际工程中，由于泥炭质土抗剪强度低，如果出现明显的坑底隆起，须特别注意是否为基坑围护失效引起的土体剪切滑动所致。

5.6 本章小结

(1) 通过对泥炭质土的回弹变形分析可知，分级卸荷条件下，不同预压荷载作用下泥炭质土卸荷回弹率 λ 与卸荷比 R 有关，当 $R<0.5$ 时，$\lambda<0$，泥炭质土不回弹；当 $0.5\leqslant R<0.9$ 时，$0\leqslant\lambda<0.08$，普通回弹；当 $0.9\leqslant R\leqslant 1$ 时，$\lambda>0.08$，强烈回弹。表明昆明泥炭质土的回弹变形临界卸荷比 R_{cr} 为 0.5，强烈回弹卸荷比 R_u 为 0.9。

(2) 分级卸荷条件下，泥炭质土的最大回弹率 λ_{max} 与预压荷载 p_r 呈线性关系，预压荷载越大，最大回弹率越大。

(3) 完全卸荷条件下，泥炭质土的回弹变形具有明显的时间效应，可将回弹过程分为瞬时回弹、主回弹及次回弹三个阶段。预压荷载越大，回弹率越小，残余变形量越大。预压荷载 50～400kPa 的昆明湖相泥炭质土次回弹系数 C_{re} 为 0.05～0.16，且随着预压荷载的增大而增大。

(4) 泥炭质土的回弹变形特性和非有机质土有很大差别，完全卸荷条件下回弹变形是非有机质土的数十倍以上。但是其回弹的临界卸荷比 R_{cr} 和强烈回弹卸荷比 R_u 大，卸荷之后的强烈回弹区小，仅由土体卸荷回弹导致的基坑坑底回弹量不大。在实际工程中，由于泥炭质土抗剪强度低，如果出现明显的坑底隆起，须特别注意是否为基坑围护失效引起的土体剪切滑动所致。

第六章 高分解度泥炭土工程性质原生各向异性初探

6.1 概 述

我国泥炭土多分布在远离市区的沼泽和森林地区，昆明是为数不多的市区下伏深厚泥炭土的城市。近年来，随着城市开发建设力度加大，诸如城中村改造、轨道交通、滇池下穿隧道等重大工程在建或拟建，系统研究昆明泥炭土工程性质就显得非常必要了。相关研究报道也不断出现，例如：蒋忠信[57]较早较全面地报道了昆明泥炭土的物理化学及工程性质以及相关地基处理案例。桂跃等[66，126，127]实验研究了昆明及大理泥炭土的固结变形及渗透特性。陈成等[128]通过室内实验研究循环荷载作用下昆明泥炭质土不排水动力累积特性。徐杨青等报道了环梁支撑结构在滇池附近某深基坑中成功应用。徐杨青等[129]、刘江涛等[130]结合昆明某基坑支护监测结果，提出了适合昆明泥炭土等湖相沉积软土的抗剪强度指标取用建议。

土作为一种非连续摩擦型散粒体工程材料，除表现非线性、非弹性、压硬性、剪胀性、应力-应变与应力历史和应力路径相关等诸多特性外，还特别表现出原状土的原生各向异性及复杂应力状态下的应力各向异性[131]。天然沉积土具有各向异性现象被人们所熟知，泥炭土的各向异性也已被众多学者证实[2，50，132，133]。可是，涉及昆明泥炭土各向异性的研究报道很少。为此，通过一系列室内实验研究了昆明泥炭土原生各向异性对抗剪强度、固结变形及渗透性的效应，从分析泥炭土特殊组分的角度对其各向异性机制进行了探讨，为岩土工程设计、模拟和力学参数选取等提供一些有益的参考。

6.2 取样与实验方案

6.2.1 土样采集与分类

实验用土取自云南省昆明市(图 6.1)。取样场地 4 个，分布在滇池以北、距滇池十数千米的市区范围内。所取土样多为全新世③$_1$ 层泥炭或泥炭质土。为保证土样原状，采用钻孔薄壁取土器取样和基坑底部人工取土。考虑到天然泥炭土成分具有很大的随机性，为了使研究结果更具代表性，本次取样分布范围较广、涵盖了有机质含量低、中、高和不同分解度的泥炭土。取样深度及土样基本物理力学性质指标详见表 6.1。

图 6.1 取样场地位置及取样过程

表 6.1 试样的物理力学性质指标

取样点	取样深度/m	颜色	含水率 w/%	孔隙比 e_0	重度γ/(kN/m^3)	相对密度 G_s	塑限 w_P/%	液限 w_L/%	有机质含量① w_i/%	残余纤维量② w_f/%
场地一	2.5～3.0	黑色	64.6	1.4	16.4	2.4	39.9	70.4	15.7	0
场地二	7.5～8.0	黑色	203.4	4.4	11.9	2.1	125.2	189.3	48.1	＜1.0
场地三	1.0～2.0	灰褐	406.3	6.4	10.3	1.5	—	—	69.3	15.2
场地四	2.5～3.0	黑色	218.4	2.3	15.2	1.98	98.1	175.5	22.6	＜1.0

注：①$w_i=m_{(烧失量)}/m_{(总干土)}\times100\%$，灼烧法，参考 ASTM(D2974-14)[14]；②$w_f=m_{(残余纤维)}/m_{(总干土)}\times100\%$，湿筛法，参考 ASTM(D1997-13)[3]。

泥炭土有机质主要来源于植物及动物残骸的分解残余。分解度越低，土中包含的残余纤维(粗纤维长度＞1mm，细纤维长度＜1mm)越多；分解度越高，土的有机质中腐殖质所占比例相对越大[14]。由表 6.1 可知，场地三残余纤维量 w_f 为 15.2%，属低分解度泥炭土；其余三个场地属于高分解度泥炭土，含微量或少量残余纤维。选取典型土样照片(图 6.2)，可以直观地看出，场地三泥炭土的颜色、组分及其结构异于其余场地。

(a)场地一

(b)场地二

(c)场地三

图 6.2 泥炭土表观特征

6.2.2 实验方案

对于土体原生各向异性的研究，通常是通过对沉积面不同角度切取土样进行测试，对比分析不同切样角度土的变形、强度及渗透性等指标差异。本章实验方案是针对不同场地泥炭土，分别从水平、45°、垂直方向取样(θ 取 0°、45° 和 90°，见图 6.3)，进行标准一维固结实验、直剪实验、渗透实验。根据实验结果，分析昆明泥炭土原生各向异性在固结变形、抗剪强度及渗透性方面产生的效应；比较不同场地泥炭土工程性质各向异性的特点，探讨其影响因素及产生机制。由于泥炭土较为软弱，在制样中要十分谨慎，尤其是场地三泥炭土含有大量残余纤维，需采用锋利刀片切割制样。

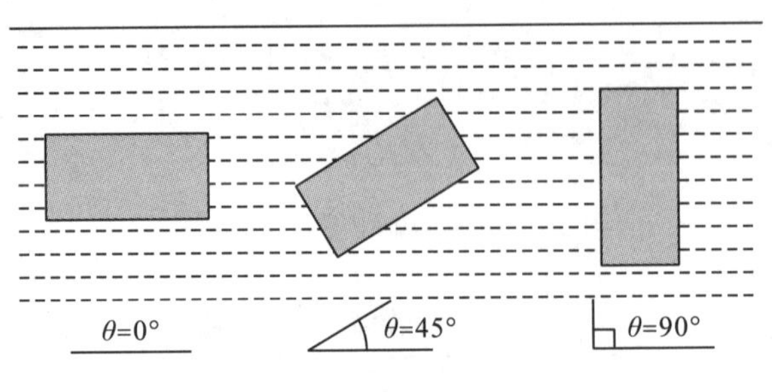

图 6.3 环刀取样角度

6.3 实验结果分析

6.3.1 固结变形各向异性特性分析

1) 泥炭土 e–lg$p$ 曲线及压缩指数 C_c

对场地一、二、三的泥炭土样进行标准固结实验，获得不同切样角度泥炭土的 e–lg$p$ 曲线，如图 6.4 所示。

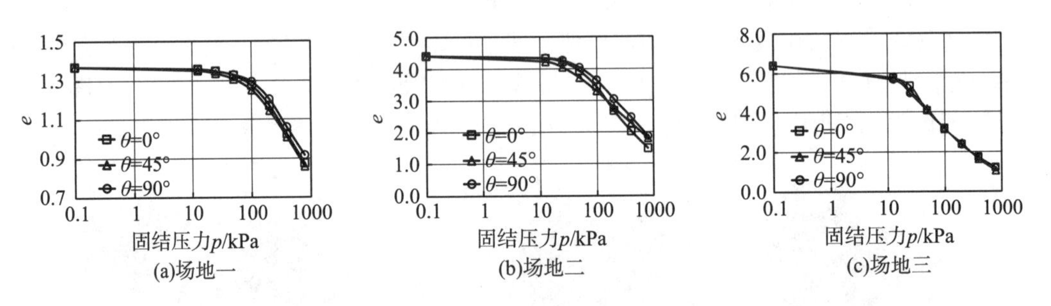

图 6.4 不同切样角度泥炭土的 e-lg$p$ 曲线

由图 6.4 可知，不同切样角度泥炭土的 e–lg$p$ 曲线虽不重合，但形态上差异不大，且变化无明显的规律性。从 e–lg$p$ 曲线获得泥炭土的压缩指数 C_c，详见表 6.2。从表 6.2 中可以看出，因泥炭土极大的天然孔隙比及高含水率，所取土样均属于高压缩性土；切样角度不同，并未导致泥炭土的 C_c 发生较大的改变，表明泥炭土原生各向异性在压缩变形方面表现得不突出。O' Kelly[27]对某泥炭土水平及垂直土样进行了 4 组固结实验，得到水平向和垂直向压缩指数比值 C_{ch}/C_{cv}=0.9～1.1，和本节结果类似。

表 6.2 不同切样角度泥炭土的压缩指数 C_c

切样角度 θ/(°)	压缩指数 C_c/MPa^{-1}		
	场地一	场地二	场地三
0	0.44	2.15	2.18
45	0.43	1.65	2.32
90	0.42	1.97	2.23

2) 泥炭土压缩模量 E_s

进一步分析分级加载下泥炭土压缩模量 E_s 与切样角度 θ 的关系，见图 6.5。

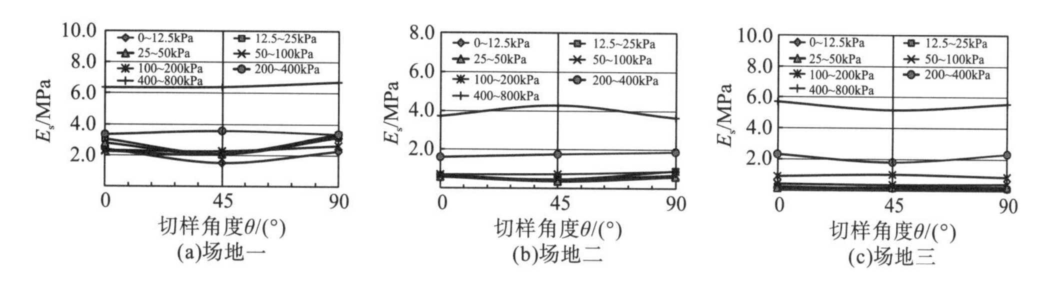

图 6.5 泥炭土压缩模量 E_s 与切样角度 θ 的关系

由图 6.5 可知，大约当固结压力 p 小于 100kPa 时，场地一和场地二泥炭土水平向和垂直方向压缩模量 E_s 大小相近、切样角度 θ=45° 时压缩模量 E_s 相对较小，显示该取样方向的土样较容易被压缩变形；p>100kPa 后，三个切样角度 θ 的土样 E_s 大小趋于一致。这表明随着固结压力增大，切样角度(即沉积方向)不同导致的压缩变形各向异性基本消失。而场地三泥炭土不同切样角度 θ 的压缩模量 E_s 差异不大，且二者之间无明显变化规律。从图 6.5 中还可看出，就切样角度不同导致的压缩模量差异程度而言，场地一泥炭土压缩变形各向异性相对较强，场地二次之，场地三泥炭土最弱。

3) 泥炭土固结系数 C_v

由图 6.6 可知，场地一和场地二泥炭土 θ=45° 的土样固结系数 C_v 较小，而水平和垂直向的 C_v 相差不大；场地三泥炭土三个取样角度土样 C_v 有一定差异，但 C_v 和 θ 之间的关系具有随机性。从图 6.6 中还可以看出，随着固结压力 p 的增大，不同切样角度泥炭土固结系数趋于相同。说明随着固结压力增大，泥炭土固结各向异性不断消失。

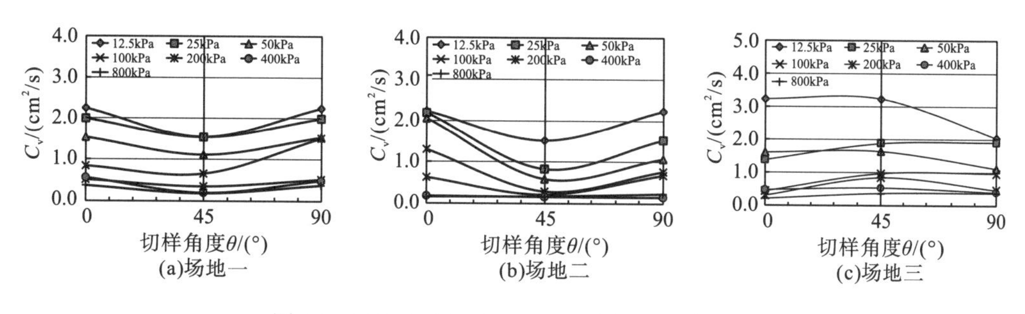

图 6.6 泥炭土固结系数 C_v 与切样角度 θ 的关系

以上结果表明，高分解度昆明泥炭土水平向及垂直向表现出来的变形特性差异不大，θ=45° 方向土样在固结压力 p 较小时压缩模量 E_s 及固结系数 C_v 较小，但当 p 增大到一定程度时，三个方向的固结变形特点基本一致；低分解度泥炭土更多呈现固结各向同性。总体而言，昆明泥炭土固结变形原生各向异性不太显著。

6.3.2 抗剪强度各向异性特性分析

1) 泥炭土 τ-s 曲线

对 4 个场地泥炭土进行饱和状态下的固结快剪实验，获得不同切样角度泥炭土的 τ-s 曲线(剪应力-剪切位移曲线)，结果如图 6.7 所示。

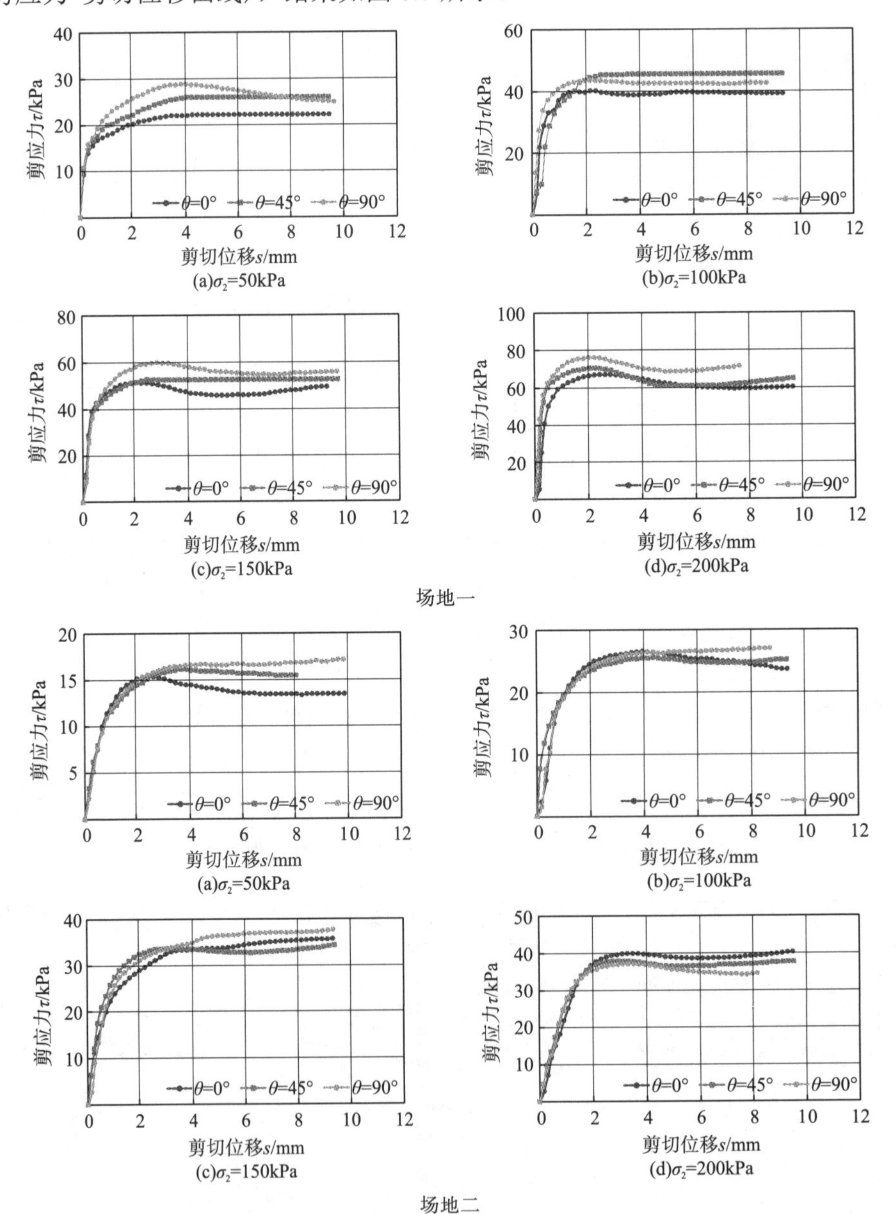

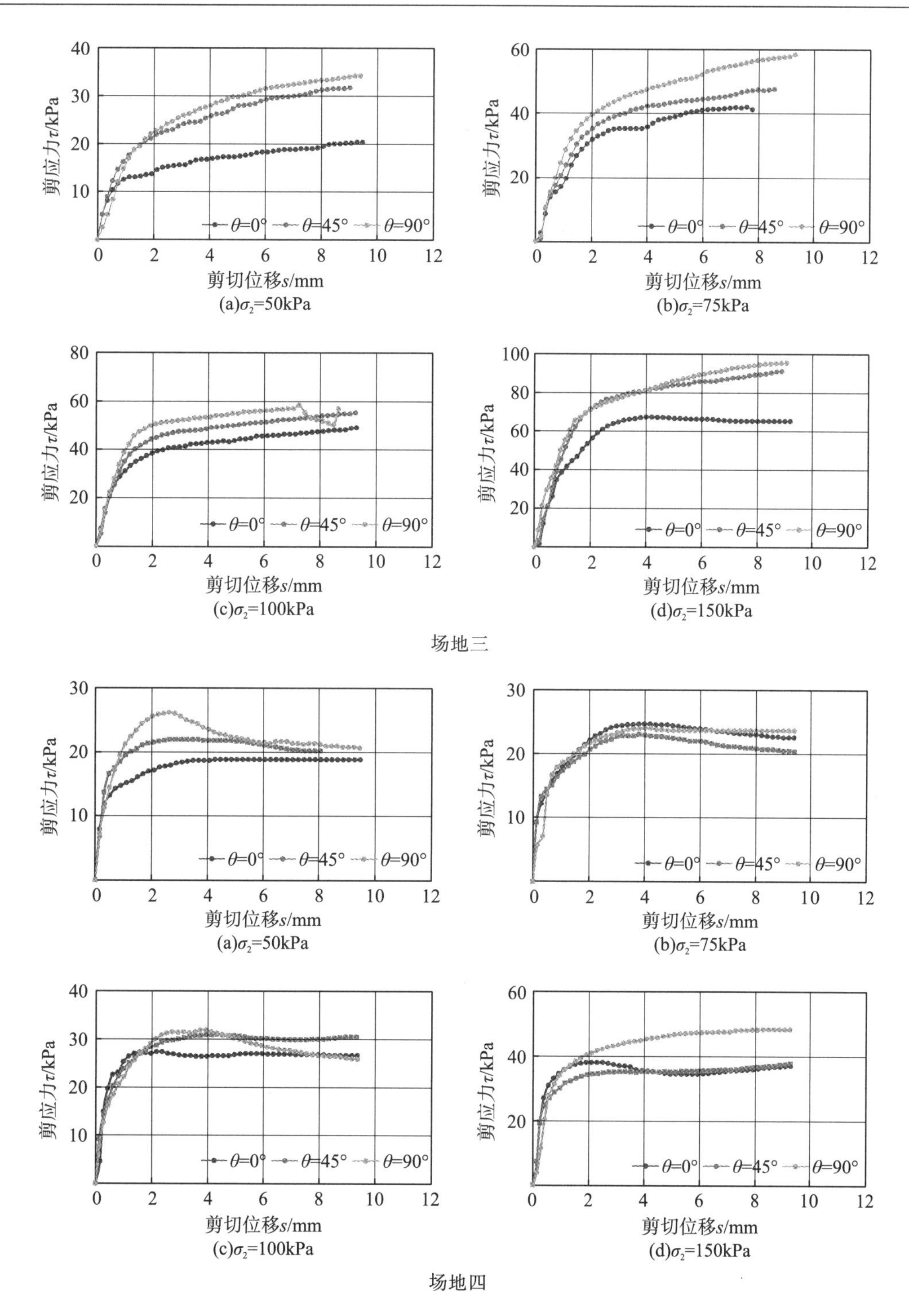

图 6.7　不同切样角度泥炭土剪应力 τ 与剪切位移 s 的关系

从图 6.7 中可以看出，四个场地泥炭土剪应力 τ 与剪切位移 s 关系曲线形态近似，大部分都是以塑性变形为主。相同竖向压力 σ_v 下，切样角度 θ 对不同场地泥炭土的抗剪强度影响大小不一，即四个场地泥炭土表现出程度不同的抗剪强度各向异性。如图 6.7 所示，

场地二泥炭土的 τ–s 关系曲线受切样角度 θ 影响很小，θ=90° 的试样抗剪强度和 θ=0° 及 θ=45° 试样接近；而场地三泥炭土受切样角度 θ 影响很大，θ=90° 的试样抗剪强度最高，θ=45° 试样次之，θ=0° 试样最小。

2）泥炭土抗剪强度指标

根据上述实验结果，分析不同切样角度泥炭土的抗剪强度指标（黏聚力 c_{cq} 和内摩擦角 φ_{cq}），详见图 6.8 及表 6.3。

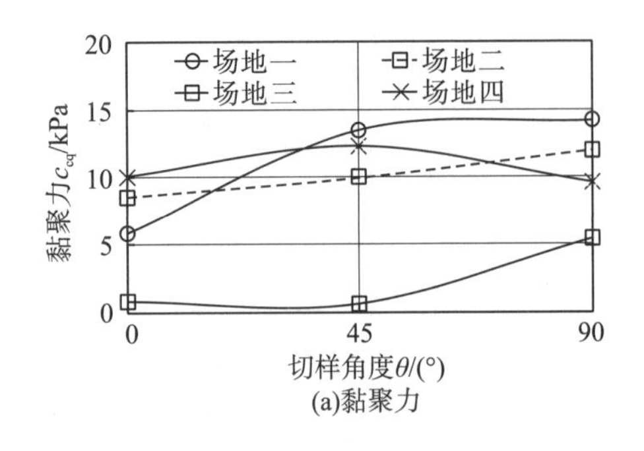

(a)黏聚力

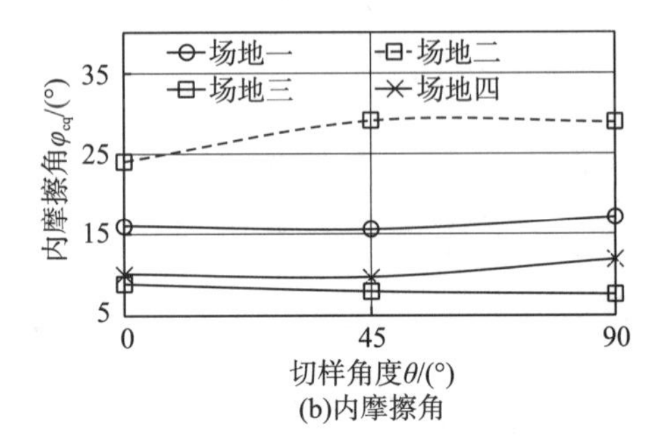

(b)内摩擦角

图 6.8 泥炭土黏聚力 c_{cq} 和内摩擦角 φ_{cq} 与切样角度 θ 的关系

表 6.3 泥炭土的抗剪强度指标和抗剪强度比

场地名称	θ/(°)	抗剪强度指标		σ_v/kPa	抗剪强度比 ζ_τ			
		c_{cq}/kPa	φ_{cq}/(°)		$\tau_{f(\theta=90°)}/\tau_{f(\theta=0°)}$	ζ_τ 均值	$\tau_{f(\theta=45°)}/\tau_{f(\theta=0°)}$	ζ_τ 均值
场地一	0	5.9	16.1	50	1.30	1.20	1.17	1.13
	45	13.5	15.6	100	1.07		1.15	
	90	14.2	17.2	150	1.30		1.14	
				200	1.15		1.06	
场地二	0	8.6	9.0	50	1.07	1.02	1.04	0.98
	45	10.0	8.0	100	1.04		0.98	
	90	12.0	7.6	150	1.07		0.95	
				200	0.90		0.95	
场地三	0	0.8	24.1	50	1.72	1.39	1.59	1.27
	45	0.6	29.1	75	1.27		1.08	
	90	5.4	28.9	100	1.23		1.13	
				150	1.34		1.29	
场地四	0	10.1	10.1	50	1.10	1.09	1.17	1.07
	45	12.3	9.7	75	0.98		0.94	
	90	9.6	11.9	100	1.18		1.14	
				150	1.11		1.02	

图 6.8 为泥炭土黏聚力 c_{cq} 和内摩擦角 φ_{cq} 与切样角度 θ 关系。从中可以看出，切样角度不同，泥炭土固结快剪指标有一定变化，但这种变化似乎很随机，c_{cq} 和 φ_{cq} 与 θ 之间没

有明显的规律性。深入比较可以发现，高分解度泥炭土(场地一、二、四)切样角度θ变化时，c_{cq}的变化幅度比φ_{cq}变化幅度大，c_{cq}的差异幅度在27%～58%，φ_{cq}的为9%～18%，说明c_{cq}受切样方向的影响比φ_{cq}更加严重，即昆明泥炭土原生各向异性在强度方面的效应主要体现在黏聚力方面，总的趋势是$c_{cq(\theta=90^\circ)}>c_{cq(\theta=0^\circ)}$。梁庆国等[134]对兰州$Q_4$黄土进行不同方向剪切实验时也发现类似规律。Lo[135]研究了黏土体强度的各向异性，建立了黏聚力各向异性模型：$c_\theta=c_h+(c_v-c_h)\cos^2\theta$。式中$c_v$为竖向黏聚力，$c_h$为水平黏聚力，$\theta$为最大主应力与天然土沉积方向的角度。低分解度的场地三泥炭土c_{cq}和φ_{cq}随θ的变化幅度均较大，显示了异于一般黏性土的各向异性特性。

3)泥炭土抗剪强度比ζ_τ

从图6.7中获得泥炭土的极限抗剪强度τ_f，其取值标准为：当τ-s曲线中有峰值时取峰值；当τ-s曲线中无峰值时，取剪切位移6mm时对应的剪应力τ。定义相同竖向压力σ_v下，不同切样方向土的极限抗剪强度比值为抗剪强度比ζ_τ，通过$\zeta_\tau=\tau_{f(\theta=90^\circ)}/\tau_{f(\theta=0^\circ)}$和$\zeta_\tau=\tau_{f(\theta=45^\circ)}/\tau_{f(\theta=0^\circ)}$分析强度各向异性，详见表6.3。

现有文献中有很多关于区域性土的抗剪强度比ζ_τ的报道。例如：梁令枝[136]对广州黏土进行直剪实验，得出$\zeta_\tau=\tau_{f(\theta=90^\circ)}/\tau_{f(\theta=0^\circ)}$介于1.24～1.58，$\zeta_\tau=\tau_{f(\theta=45^\circ)}/\tau_{f(\theta=0^\circ)}$介于1.05～1.40。龚晓南[137]对金山黏土竖直、45°和水平方向土样进行的无侧限压缩实验及固结不排水剪切实验，得出水平向土样抗剪强度最大、竖直方向居中、45°土样强度最小的规律，抗剪强度比分别为1.45、1.30及1.44、1.24。王洪瑾等[138]实验得出击实黏性土具有明显的固有各向异性，不同主应力方向的破坏强度最大差别可达30%。袁聚云等[139]针对上海软土进行了三轴固结排水剪，淤泥质粉质黏土水平向与45°土样抗剪强度比值ζ_τ介于1.43～1.95，竖直向与45°土样抗剪强度比值ζ_τ介于1.19～1.25；淤泥质黏土水平向与45°土样及竖直向与45°土样抗剪强度比ζ_τ分别介于1.20～1.43和1.04～1.14。上述研究成果采取的实验方法不同，但得出的规律是一致的，即当剪切面和沉积面一致时，抗剪强度最小；剪切面和沉积面垂直时抗剪强度最大。

从表6.3中可以看出，相同竖向压力σ_v下，高分解度泥炭土(场地一、二、四)中，场地一泥炭土强度各向异性程度最强，垂直方向与水平向土样抗剪强度比$\zeta_\tau=\tau_{f(\theta=90^\circ)}/\tau_{f(\theta=0^\circ)}$介于1.07～1.30，均值为1.20；$\zeta_\tau=\tau_{f(\theta=45^\circ)}/\tau_{f(\theta=0^\circ)}$介于1.04～1.17，均值为1.13；它的强度各向异性程度近似或者稍弱于上海软土中的淤泥质黏土[139]。但低分解度的场地三泥炭土$\zeta_\tau=\tau_{f(\theta=90^\circ)}/\tau_{f(\theta=0^\circ)}$介于1.10～1.72，均值为1.39；$\zeta_\tau=\tau_{f(\theta=45^\circ)}/\tau_{f(\theta=0^\circ)}$介于1.08～1.59，均值为1.27，表现出显著的强度各向异性。

4)泥炭土抗剪强度比ζ_τ与有机质含量w_i关系

分析各场地泥炭土抗剪强度比ζ_τ平均值与有机质含量w_i的关系(图6.9)，可以发现，高分解度泥炭土(场地一、二、四)抗剪强度比ζ_τ平均值与有机质含量w_i有一定的关系，ζ_τ平均值随w_i的增大而降低，说明强度各向异性程度随着有机质含量增多而减弱，当有机质含量约为48.1%时(场地二)，ζ_τ接近1.0，表明此泥炭土在抗剪强度方面接近各向同性。有意思的是，虽然场地三泥炭土有机质含量最高，但抗剪强度比ζ_τ最大，这说明泥炭土强度各向异性并非只和有机质总量有关，还和有机质分解度有密切联系。

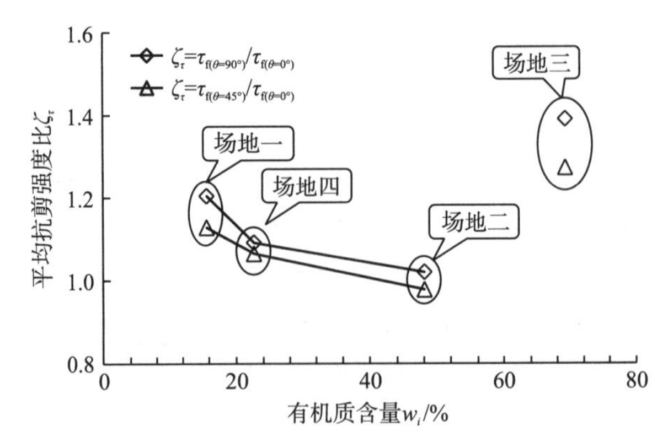

图 6.9 泥炭土抗剪强度比 ζ_τ 与有机质含量 w_i 关系

综上所述，高分解度泥炭土抗剪强度原生各向异性程度较弱，主要体现在黏聚力上，内摩擦角的差异较小，且抗剪强度各向异性程度和有机质含量有关；低分解度泥炭土抗剪强度原生各向异性显著。

6.3.3 渗透特性各向异性分析

对三个场地泥炭土分别进行了不同方向的变水头渗透实验，每组实验制备平行样以验证其重复性。实验结果及分析见表 6.4 及图 6.10。

表 6.4 泥炭土的渗透系数和渗透系数比

土样	渗透系数 $k/(10^{-5}$cm/s)			渗透系数比 ζ_k	
	θ=0°	θ=45°	θ=90°	$k_{(\theta=90°)}/k_{(\theta=0°)}$	$k_{(\theta=45°)}/k_{(\theta=0°)}$
场地一/样 1	2.78	3.76	5.32	1.9	1.4
场地一/样 2	3.59	4.73	9.27	2.6	1.3
场地二/样 1	0.15	1.08	1.87	12.3	7.1
场地二/样 2	0.55	1.33	8.46	15.4	2.4
场地三/样 1	9.14	14.90	8.27	0.9	1.6
场地三/样 2	4.49	8.40	22.70	5.1	1.9

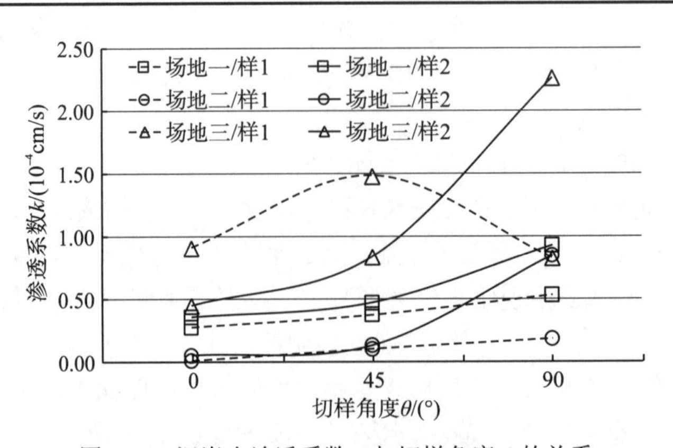

图 6.10 泥炭土渗透系数 k 与切样角度 θ 的关系

由图 6.10 可知，泥炭土的渗透系数 k 和切样角度 θ 有一定的相关性，除个别数据异常外，大部分土样都有 k 随 θ 增大而增大的规律，即泥炭土水平方向及 45° 方向的渗透性比垂直向渗透性强。

从表 6.4 中可知，昆明泥炭土渗透系数比 $\zeta_k=k_{(\theta=90°)}/k_{(\theta=0°)}$ 介于 0.9～15.4，平均值为 6.4；$\zeta_k=k_{(\theta=45°)}/k_{(\theta=0°)}$ 介于 1.3～7.1，平均值为 2.6。现有文献也有类似的报道，如 Dhowian 和 Edil[42] 测试发现泥炭土水平向渗透系数高于垂直向约 300 倍。Paikowsky 等[43] 和 Elsayed[140] 均对 Cranberry Bog 泥炭土进行了常水头渗透实验，得出了水平渗透系数为垂直渗透系数 10 倍左右的结论。O'Kelly[27] 采用 Rowe Cell 仪器进行了泥炭土渗压特性研究，得出某泥炭土渗透各向异性系数 k_h/k_v 最大可达 2.5。

6.4　机理分析与讨论

富含有机物质是泥炭土工程性质区别于一般软土的根源。泥炭土中有机质组分主要包括腐殖质、未分解和半分解的残余纤维及微生物体等。因此，本书从其特殊的物质组分入手，探讨其工程性质各向异性机理。

(1) 矿质土的颗粒性。当泥炭土中有机质含量较低且分解度较高时，泥炭土中的矿质土颗粒性起主导作用。通常，泥炭土中矿质土颗粒以黏粒、粉粒为主，此时，其各向异性机理和一般黏性土类似。土的原生各向异性产生是由于沉积过程中受到重力作用而导致土颗粒的分布具有方向性[141, 142]。即原生各向异性与沉积过程中土体颗粒扁平面或颗粒长轴的取向有关。

(2) 腐殖质为主的有机胶体。当泥炭土中有机质含量较高且分解度较高时，腐殖质起主导作用。腐殖质是一类组成和结构都很复杂的天然高分子聚合物，其主体是各种腐殖酸及其与金属离子相结合的盐类。土壤学领域认为，腐殖质、氧化物、层状硅酸盐矿物间主要通过阴离子交换、配体表面交换、疏水作用、熵效应、氢键作用及阳离子桥键、静电作用等多种键能结合，形成腐殖质-矿质复合体(humus-mineral complexes)[33, 34]。由于结合的方式和松紧程度不一，将土壤中的腐殖质分为游离态腐殖质和结合态腐殖质，结合态腐殖质又可分为紧结态、松结态和稳结态。腐殖质是一类富有小孔隙的胶体物质，它是无定形的非晶态物质；从材料科学角度而言，非晶态物质一般会呈现出各向同性的特点。因此，和纯粹的矿质土颗粒相比，腐殖质-矿质土颗粒复合体趋于各向同性。泥炭土中腐殖质含量较大时，除了结合态的腐殖质外，土中还存在大量游离态的腐殖质，此时，宏观上就越趋向各向同性的特征。这就很好地解释了图 6.9 中，ζ_τ 随着 w_i 增大而减小，当有机质含量 w_i=48.1%(场地二)，ζ_τ 接近 1.0 的实验现象。另外，腐殖质-矿质复合体中的微孔隙和复合体之间的大孔隙形成泥炭土特殊的双层孔隙结构(图 6.11)，宏观上复合体间的组合形成的泥炭土构造和一般黏性土的水平层状构造有所区别。这有可能是前文实验结果“高分解度泥炭土 θ=45° 方向土样在固结压力 p 较小时压缩模量 E_s 及固结系数 C_v 较小”的诱因，有待今后进一步研究加以证实。

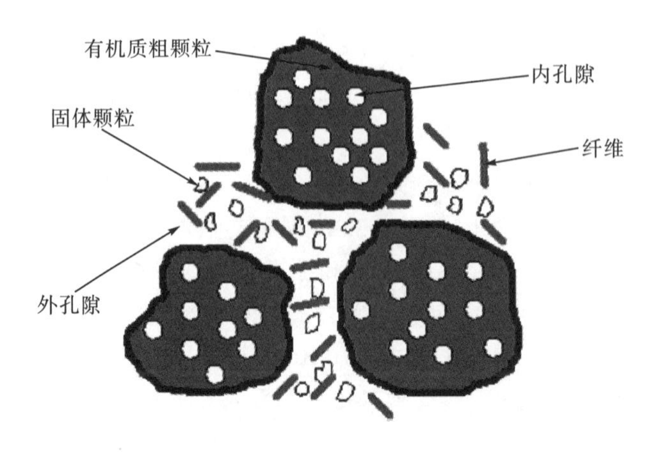

图 6.11　泥炭土组构示意图[92]

(3) 残余纤维的加筋作用。当分解度较低时，泥炭土有机物质中有很多残余纤维 (fiber)。残余纤维长度从微米至数厘米不等，显微镜或肉眼可辨。天然状态下泥炭土残余纤维多数在水平沉积层面中分布，随机交织成网状，垂直方向没有明显的层理(图 1.3)；这是由于沉积过程中受到重力作用及固结过程中的大变形所致。当泥炭土中残余纤维数量达到一定程度时，会产生类似“加筋”效应。这种现象已有很多相关报道。实验发现，采用常规三轴仪测得泥炭土有效内摩擦角 φ' 高达 48°～68°[2, 50-53]，而直剪仪或环剪仪所测得的 φ' 只有 20°～28°[51, 52]。这是因为，三轴压缩条件下，潜在破裂面切过水平面上分布的纤维，纤维拔脱过程中激发了拉拔阻力；而平行于纤维分布方向进行剪切的直剪实验通常被认为不会引起纤维的加筋作用[45, 54]。强度指标上的差异体现了残余纤维的加筋效果。故此，残余纤维在泥炭土各向异性上起到关键的作用，一方面，水平方向定向排列的残余纤维引发了泥炭土水平向和垂直向抗剪强度的显著差异(图 6.9)；另一方面，由于泥炭土中残余纤维的大量存在，导致土体孔隙比大、结构疏松，使得土体呈现变形各向同性(图 6.5)。

综合以上分析可知，泥炭土的各向异性机制十分复杂，在导致泥炭土各向异性效应方面，矿质土颗粒性、腐殖质有机胶体及残余纤维“加筋作用”相互“博弈”。对于高分解度泥炭土，当有机质含量少、矿质土颗粒为主要成分时，泥炭土的各向异性由土颗粒定向排列决定；当有机质含量高时，腐殖质起主导作用，此时，泥炭土趋向于各向同性。对于低分解度泥炭土，当残余纤维含量较多时，水平定向排列的残余纤维起加筋作用，泥炭土抗剪强度呈现明显的抗剪强度各向异性；但残余纤维含量过多会使土体结构疏松，固结变形趋于各向同性。需要指出的是，泥炭土中这些组分是在漫长的地质历史时期中不断累积、相互作用的，它们产生的效应并非机械的组合叠加，还存在复杂的耦合作用关系。

泥炭土是一种很有意思的土，除了土颗粒、水与气外，还多了另外一种理化及力学性质特殊的物质——有机质；对泥炭土的认识不能简单地套用一般的非有机质软土，甚至不能局限于矿物质土。比如，有意无意地将有机质简单地视为一般的固体物质就是目前比较常见的做法，这是有一定问题的。当土中有机质微量时，它往往以结合态的形式附着在矿质土颗粒表面，矿质土颗粒组成土体骨架，将有机质视为矿质土颗粒的一部分来分析可能问题还不会太大。但是，当泥炭土中腐殖质含量高时(天然状态泥炭土有机质含量常为20%～50%，有时超过50%)，土中游离态腐殖质大量存在，甚至导致无法形成矿质土颗粒土骨架。荷载作用下有机质会发生相应的变形，这就和经典土力学中认为土的固相不可压缩的假设相差甚远，仍将有机质视为固相物质就不合适了。有学者[143，144]尝试将泥炭土有机质视为有机质相，建立四相模型分析泥炭土的压缩变形特性。此外，低分解度泥炭土中还有大量残余纤维，会产生一定的加筋效应，但它长短不一、分布随机，单根抗拉拔力微弱，想要精确评价其加筋效应非常困难。在适宜条件下，甚至残余纤维还会腐殖化，腐殖质还会发生矿化，更导致泥炭土工程性质的复杂程度非同一般。现阶段对泥炭土工程性质缺乏深入的了解，源于对有机物质性质及其影响认识模糊。本章从泥炭土最基本的变形、强度及渗透性入手探讨其原生各向异性，尝试从有机质组分差异的角度分析其机制，以期抛砖引玉，引起大家从新视角探索研究泥炭土的兴趣。

6.5　本章小结

本章通过室内实验测定了昆明泥炭土各向异性对其变形、抗剪强度及渗透性的效应。得出以下结论：

(1)高分解度泥炭土水平向及垂直向表现出来的固结压缩变形特性差异不大，θ=45°方向土样在固结压力p较小时压缩模量E_s及固结系数C_v较小，但当p增大到一定程度时，三个方向的固结变形特点基本一致；低分解度泥炭土更多呈现变形各向同性。总体而言，昆明泥炭土固结变形原生各向异性不太显著。

(2)昆明泥炭土的抗剪强度各向异性主要表现为：高分解度泥炭土抗剪强度原生各向异性程度较弱，主要体现在黏聚力上，内摩擦角的差异较小，且抗剪强度各向异性程度和有机质含量有关；低分解度泥炭土抗剪强度原生各向异性显著。

(3)昆明泥炭土渗透系数k呈现了随切样角度θ增大而增大的规律，即泥炭土水平方向的渗透性比垂直向渗透性强。其渗透系数比$\zeta_k=k_{(\theta=90^\circ)}/k_{(\theta=0^\circ)}$介于0.9～15.4，平均值6.4；$\zeta_k=k_{(\theta=45^\circ)}/k_{(\theta=0^\circ)}$介于1.3～7.1，平均值为2.6。

(4)泥炭土的各向异性机制复杂，在导致泥炭土各向异性效应方面，矿质土颗粒性、腐殖质有机质胶体及残余纤维“加筋作用”相互“博弈”。

第七章　高分解度泥炭土直剪抗剪强度特性及机理分析

7.1　概　　述

泥炭土(泥炭和泥炭质土的合称)是自然界有机质含量最多的土类，有机质可占到干土总质量的10%～80%，甚至高达98%[92]。其有机质主要来源于植物枝叶、根系、分泌物及动物残骸的分解残余。分解度越低，土中包含的残余纤维(粗纤维长度＞1mm、细纤维长度＜1mm；以植物茎秆和根系分解残余为主)越多；分解度越高，土中无定形腐殖质越多[92]。沉积物质分解程度决定了泥炭土有机质组分。

研究表明，有机质组分对泥炭土工程性质影响显著。当分解度不同，即使有机质含量相近，其表现出来的工程性质也差异极大[47，133，145，146]。具体表现在：物理性质方面，纤维泥炭土结构松散，孔隙比、持水能力、渗透性通常高于无定形泥炭土[147]；压缩性质方面，纤维泥炭土次固结系数与压缩指数的比值 C_α/C_c 在 0.06～0.10 范围内[14，84，91]，无定形泥炭土约为0.035～0.06，表明纤维泥炭土压缩性更显著[14，147]；力学性质方面，因残余纤维分布多为水平向，三轴压缩条件下，潜在破裂面切过水平面上分布的纤维，纤维拔脱过程中激发了拉拔阻力，使其具有与“加筋土”类似的力学特性[45，54，133]，导致显著的横观各向同性[41，148]。O’Kelly 和 Orr[149]认为，当泥炭土有机质分解度高时，可将其视作各向同性；当分解度较低时，必须考虑土中残余纤维所造成的各向异性。

然而，综合分析国内外相关文献可知，现有关于泥炭土的研究成果多集中在纤维泥炭土，对高分解度的无定形泥炭土工程性质研究开展相对不足[64，84]。土体的抗剪强度是土力学的主要经典内容之一，是研究地基稳定、地基承载力等问题的基础，绝大多数岩土工程与土的抗剪强度有关[150]。因此，研究高分解度泥炭土的抗剪强度有重要的理论价值和工程实际意义。本章以滇池、洱海盆地湖相沉积泥炭土为研究对象，开展了一系列室内实验，系统分析了高分解度泥炭土抗剪强度及相关机理，获得了一些新的认识和成果。

7.2　土样的基本性质及分类

因特殊的地理位置和高原气候，环滇池、洱海区域属古代大片湖沼区，第四纪沉积深厚，泥炭土分布广泛。由于成岩时间短、上覆土层薄、固结程度低，该泥炭土土层厚度大、工程性质差[80，82，128，129]。具体表现为可塑—流塑、天然重度小(γ=9.6～17.4kN/m^3)、含水率高(w_0=51%～478%)、孔隙比大(e=1.5～10.4)、压缩性显著($a_{1\sim2}$=0.66～16.1MPa^{-1})、承载力低等特点。

本章实验土样分别取自云南省昆明市和大理市市区，取样位置及过程简述如下。

(1)场地一：地处昆明市广福路和滇池路交叉口，滇池盆地中部，距滇池湖岸约2km。钻孔揭露深度范围内，土层自上而下为①层素填土(层厚1.0～6.0m)、②层有机质土(层厚0.5～9.4m)、③$_1$层泥炭质土(层厚1.6～8.5m)、③$_2$层粉土(层厚2.0～16.5m)、③$_3$层含有机质黏土(层厚1.5～8.7m)等。实验用土为钻孔编号ZK33中③$_1$层泥炭质土，长期处于近似饱和状态，形成于全新世，属第四纪湖沼相沉积软土。为了尽量保持土样的原状性，采用有固定活塞的薄壁取土器钻取。

(2)场地二：地处昆明市白龙路和新迎路交叉口，滇池盆地东北部边缘，距湖岸约7km。该场地中③$_1$层泥炭质土埋深2.1～8.6m，层厚0.8～5.5m。通过机械开挖人工取土获得高质量块状土样。

(3)场地三：地处大理市凤仪镇力帆大道与金穗路交会处，在大理盆地东南部，距洱海约6.5km，滨湖地貌，原为农田及沟塘洼地。实验用土为⑦层泥炭质土，埋深12.2～17.7m，层厚0.5～4.3m，属第四纪湖沼相沉积软土。人工从基坑底部采取高质量原状块状土样。

通过室内实验测试取回土样基本物理力学性质，详见表7.1。除粒组外，其他指标均为多组试样的平均值。其中粒径分析实验采用Beckman Coulter公司产的LS13320型激光粒度仪进行。有机质含量W_u依据ASTM(D2974-14)[4]采用灼烧法测定。纤维含量w_f测试方法目前国内岩土领域未见相关规定，本节主要参考ASTM(D1997-13)[3]标准进行，具体操作过程如下：取大约100g土样放入烧杯中，加入500mL的5%溶度六偏磷酸钠溶液做分散剂，充分搅拌后静置15h左右，之后再利用搅拌器以240r/min的速度搅拌约10min，将分散泥浆倒入150μm(No.100)的筛子，用自来水冲洗筛中残余物质，注意控制水压不能过高，直至筛下流出的水澄清，再将筛中剩余的物质移入2%溶度的盐酸中静置10min左右，溶解残余物质中可能留有的碳酸盐矿物质，之后再用自来水冲洗残余物，人工用镊子剔除其中大的矿物质和植物根系及残枝(＞20mm)，将最后的残余物质移至滤纸上并用烘箱烘干，烘箱温度(110±5)℃，直至质量变化小于0.1%/h。残余纤维含量w_f的计算如公式(7.1)。

$$w_f = \frac{m_f}{m_s} \cdot 100\% = \frac{m_f}{m - w \cdot m_s} \cdot 100\% \tag{7.1}$$

式中，m_f为烘干残余纤维质量；m_s为矿质土干土质量；w为泥炭土含水率；m为试样总质量。本节还进行了残余纤维过孔径0.075mm筛的实验，详见表7.1。根据残余纤维含量w_f可判定泥炭土的分解度，如ASTM(D4427-13)[67]中将$w_f \geq 67\%$的称为纤维泥炭土(Fibric)，$67\% > w_f > 37\%$的称为半纤维泥炭土(Hemic)，$w_f \leq 37\%$的称为高分解泥炭土(Sapric)。

表7.1　试样的物理力学性质指标

取样地	取土深度/m	颜色	含水率 w/%	孔隙比 e_0	重度 γ/(kN/m³)	相对密度 G_s	塑限 w_P/%	液限 w_L/%	粒组/%			无侧限抗压强度 q_u/kPa	有机质含量 W_u/%	灰分 w_c/%	纤维量 w_f/%	
									砂粒	粉粒	黏粒				0.15mm筛余	0.075mm筛余
场地一	6.0～6.2	黑色	208.0	4.10	11.9	1.85	120.3	283.9	40.7	30.4	28.9	31.8	43.2	56.8	6.1	15.0
场地二	2.2～2.5	黑色	89.5	2.85	15.6	2.38	99.6	319.6	—	—	—	36.1	23.5	76.5	1.1	2.0
场地三	13.5～13.8	黑色	164.8	2.63	12.5	1.89	48.2	136.5	—	—	—	40.7	30.7	69.3	2.3	4.5

在获得了以上指标之后，即可对土样进行分类。目前国际上常用的两类泥炭土分类标准冯·波斯特分类系统[151]和 ASTM(D4427-13)中，除有机质含量外，还考虑了有机质分解度、含水率、有机质残余物种类等诸多因素。相对而言，我国现有土的分类标准多数采用将有机质含量作为区分非有机质土和有机质土、细化分类有机质土的唯一指标，一方面容易导致无法深入系统分析泥炭土的工程特性，另一方面也给国内研究成果与国际同行的交流带来困难。参照冯·波斯特分类系统，三场地泥炭土均属高分解度($H_{7\sim8}$)、低含水率(B_2)、低纤维含量(F_1)，极微量粗纤维(R_0)和木质残余(W_0)的泥炭土($H_{7\sim8}B_2F_1R_0W_0$)。

7.3 实验方法

针对取回的原状土样，进行固结快剪、慢剪和快剪法直剪实验共计 120 余组。典型泥炭土原状样、制样及试样剪切后的照片见图 7.1。

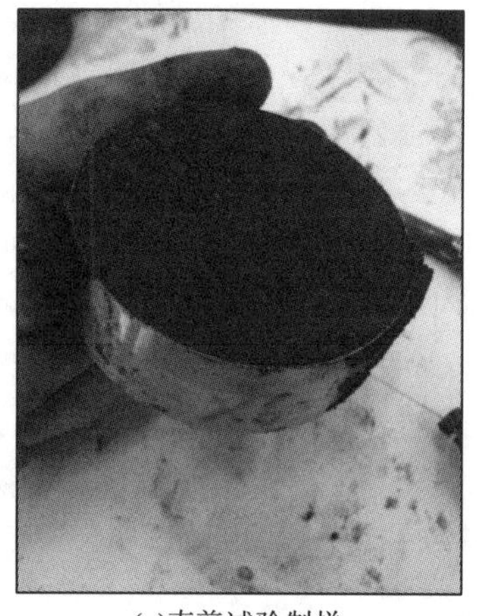

(a)直剪试验制样

(b)试样剪切完毕

图 7.1 泥炭土土样

实验采用南京土壤仪器厂 ZJ 型应变控制式直剪仪，试样高 2cm、横截面积 $30cm^2$。实验主要参照《公路土工试验规程》(JTG E40—2007)[151]进行，由于泥炭土性质和普通软土存在较大差异，部分实验过程有所调整和改进，具体实验方法如下。

固结快剪实验：从原状土样中切取若干个试样，采用抽气饱和。实验时分别施加法向应力 25kPa、50kPa、75kPa、100kPa、200kPa、300kPa、400kPa 对试样进行固结。考虑到泥炭土抗剪强度较低，一次施加的法向应力过大容易导致实验歪斜，故对于超过 100kPa 的法向应力，均采用分级加载的办法。比如设计加载 300kPa 的法向应力，按 0→50kPa→100kPa→200kPa→300kPa 顺序逐级加载，每级荷载间隔 1min 左右。上下放置透水石和滤纸保证试样双面排水。需要注意的是，泥炭土在法向荷载固结作用下压缩变形很大，直剪时的剪切面可能很靠近试件顶面，尤其是法向荷载较大时，故采用了上下加厚透水石保证剪切面切过土样中部。固结过程中，记录试样固结过程中不同时刻固结变形量，数据的读取标准参考土的固结实验。判断固结稳定的标准为垂直变形每小时不大于 0.005mm，固结时长约为 1～2d。固结完成后开始进行直剪实验，剪切速度为 0.8mm/min。

慢剪实验：除剪切速度为 0.02mm/min，其他步骤同固结快剪实验。

快剪实验：试样的切取、饱和处理及施加的法向应力与固结快剪(简称固快)、慢剪实验相同。施加法向应力后立即开始剪切，剪切速度为 0.8mm/min。

以上所有实验均采用平行实验，实验结果取平均值。

7.4　实验结果与分析

7.4.1　剪应力-剪切位移关系

分别对固快、慢剪和快剪法泥炭土剪应力-剪切位移(τ-δ)关系曲线进行分析，如图 7.2 所示。

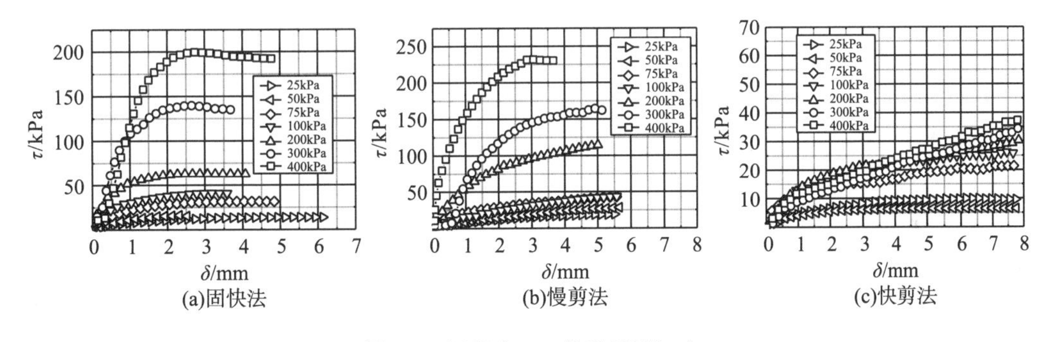

图 7.2　泥炭土 τ-δ 关系(场地一)

图 7.2 为场地一泥炭土剪应力 τ 与剪切位移 δ 关系曲线。从图中可知，不同剪切实验方法获得的 τ-δ 曲线形态差异很大。如图 7.2(a)、(b)所示，固快和慢剪时，当法向应力 σ 较小时，剪切变形以塑性变形为主，特点是 τ 开始随 δ 的增大缓慢增大，到一定值之后基本保持不变，且 τ 值较小；随着法向应力 σ 的增大，剪切变形以弹塑性变形为主，τ 随 δ 的增大迅速增大，部分试样出现明显峰值，呈现加工硬化的特点，表明试样此时具有一定的脆性，τ 值较大。τ-δ 曲线形态的转变大致发生在 $\sigma \geqslant$200kPa 之后。对于快剪实验，从图 7.2(c)中可知，σ 在 25～400kPa 范围内试样均表现出以塑性变形为主的特点；随着法向应力 σ 的增大，τ-δ 曲线形态从类似水平线状转变为倾斜线状，表明 τ 与 δ 为近似线性增大的关系；这种转变大致发生在 $\sigma \geqslant$75kPa 之后。其余两个场地土样也有类似的特点，限于篇幅不再赘述。

7.4.2　剪切强度-法向应力关系

当 τ–δ 曲线出现峰值时，取峰值剪应力作为该级法向应力下的抗剪强度 τ_f；当曲线无峰值时，可取剪切位移 δ=4mm 时所对应的剪应力作为抗剪强度。对不同场地泥炭土三种剪切方法所得抗剪强度 τ_f 和相应的法向应力 σ 进行分析，得到泥炭土剪切强度-法向应力关系，如图 7.3 所示。

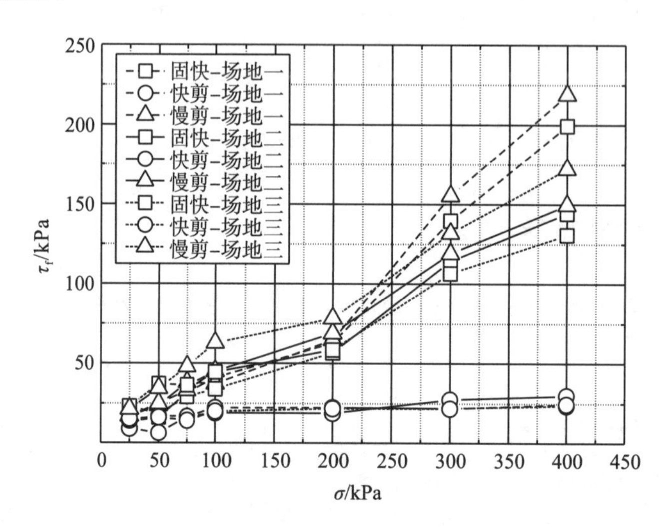

图 7.3　不同场地泥炭土 τ_f–σ 关系

从图 7.3 可知，不同场地泥炭土剪切实验结果均表现出如下特征：①固快、慢剪实验 τ_f–σ 关系曲线形态上相近，表现为 τ_f 随着 σ 的增大而增大，但这种增大是非线性的；②快剪实验 τ_f–σ 关系曲线表现出 τ_f 随着 σ 的增大先增大，之后趋稳的特点；③相同法向应力 σ 时，慢剪实验所得泥炭土抗剪强度 τ_f 略高于固快抗剪强度；④快剪法所得 τ_f 最小；⑤随着 σ 的增大，固快、慢剪法 τ_f 与快剪实验的 τ_f 差值越大。

将三个场地泥炭土固快法、慢剪法和快剪法剪切强度-法向应力关系分别进行分析，如图 7.4 所示。

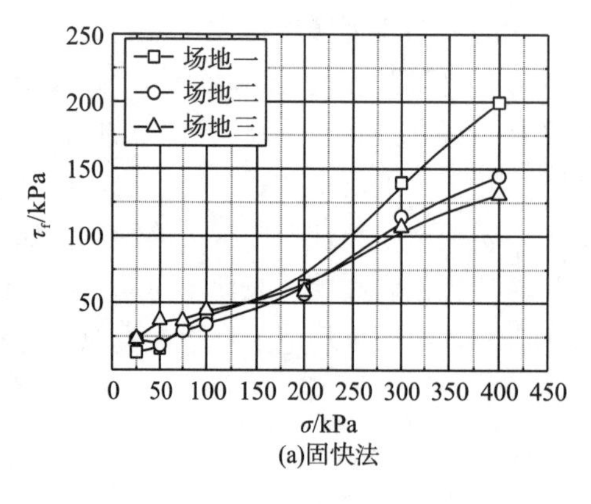

(a)固快法

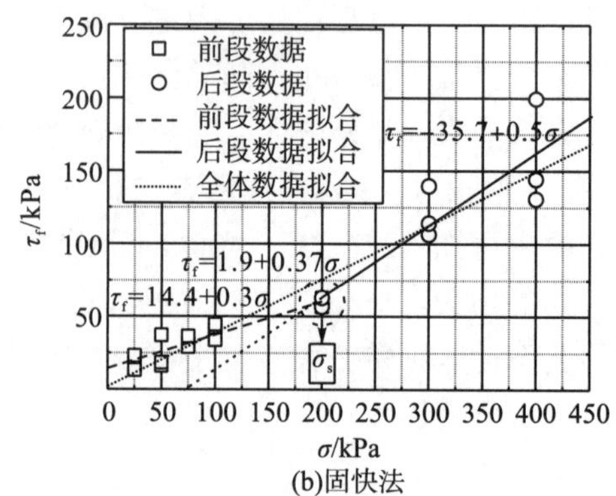

(b)固快法

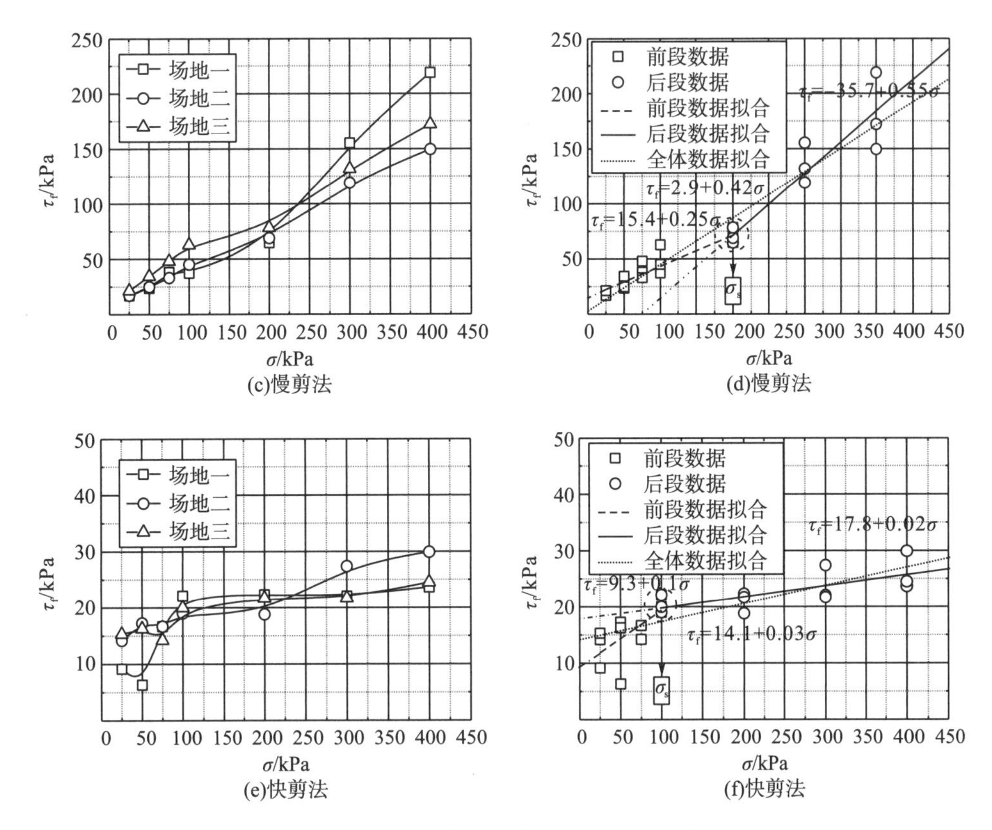

(c)慢剪法　(d)慢剪法

(e)快剪法　(f)快剪法

图 7.4　不同实验方法泥炭土 τ_f-σ 关系

从图 7.4(a)、(c)中可知，固快和慢剪法所得的 τ_f-σ 关系并非通常的线性增大的关系，具体表现在 σ≈200kPa 时，τ_f-σ 关系有明显的转折。但可以直观看出，转折点两边的数据仍然符合线性关系，即 τ_f 随着 σ 的增大而增大，如图 7.4(b)、(d)所示。从图 7.4(b)、(d)中还可以看出，后段数据拟合直线(简称后段直线，下同)相比前段数据拟合直线(简称前段直线，下同)斜率更大。Kovalenko 和 Anisimov[152]利用单剪仪对俄罗斯某地森林泥炭土的室内实验也得出类似的结果，但未做详细的机理分析。

图 7.4(e)为泥炭土快剪法 τ_f-σ 关系曲线，和固快及慢剪法的结果不同，其 τ_f-σ 关系曲线在 σ≈100kPa 上出现转折。相应地，对数据分段拟合分析如图 7.4(f)所示，可知其表现出前段直线斜率比后段直线大的特点。

综合分析图 7.4 可知，三种剪切条件下泥炭土抗剪强度仍然是符合摩尔破坏理论的，即满足 $\tau_f=f(\sigma)$，可以用式(7.2)来表示它们的关系。

$$\tau_f = a + b\sigma \tag{7.2}$$

其中，a、b 为拟合参数。表 7.2 为针对不同场地、不同剪切方法所得的 τ_f-σ 关系进行线性拟合所得 a、b 值。参数 a、b 是否具有相应的物理意义后文将做进一步分析。从图 7.4 中还可知，采用分段拟合的办法较好地反映了泥炭土 τ_f-σ 关系的真实情况，而采用前后段全体数据统一拟合的办法，不但拟合度不够高，而且抗剪强度计算值和真实的抗剪强度有一定的差别[153]。如固快法抗剪强度在转折点处(σ_s)计算值高出实测值 15%～30%。

表 7.2 不同场地泥炭土 τ_f-σ 关系拟合参数表

取样场地	固结快剪法						慢剪法						快剪法					
	前段		后段		全体数据		前段		后段		全体数据		前段		后段		全体数据	
	a_1	b_1	a_2	b_2	a	b	a_1	b_1	a_2	b_2	a	b	a_1	b_1	a_2	b_2	a	b
一	6.7	0.29	−70.9	0.68	−8.9	0.49	12.1	0.27	−85.1	0.77	−8.7	0.54	4.7	0.17	21.5	0.00	11.4	0.04
二	13.1	0.21	−26.3	0.44	3.2	0.35	10.9	0.30	−8.5	0.40	6.7	0.36	13.3	0.06	13.3	0.04	13.9	0.04
三	23.4	0.18	−9.9	0.36	16.0	0.28	20.6	0.32	−13.4	0.47	15.3	0.38	13.5	0.05	18.6	0.01	15.1	0.03
平均值	14.4	0.23	−35.7	0.49	3.4	0.37	14.5	0.30	−35.7	0.55	4.4	0.43	9.4	0.10	17.8	0.02	13.5	0.04

7.4.3 剪切强度包线

在前文实验结果的基础上，建立高原湖相泥炭土剪切强度包线并分析其特点，如图 7.5 所示。

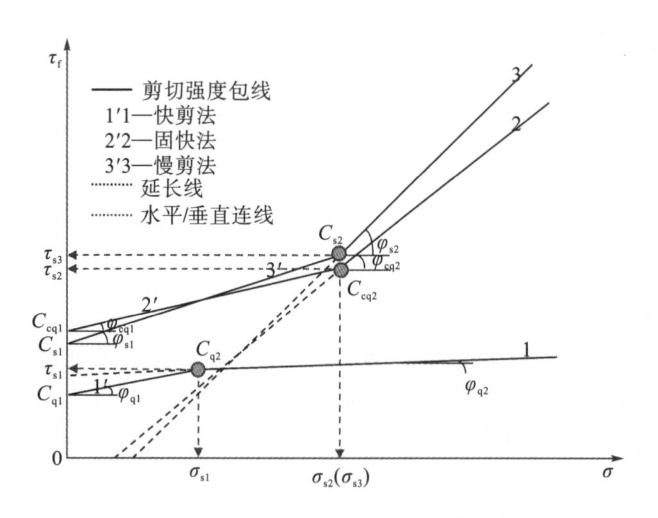

图 7.5 高分解度泥炭土剪切强度包线

对于自然界大多数土类，通常可用 Mohr-Coulomb 公式来表示土的抗剪强度包线，如式(7.3)所示。其中，c 为土的黏聚力；φ 为土的内摩擦角。c 和 φ 是决定土的抗剪强度的两个指标，称为抗剪强度指标。

$$\tau_f = c + \sigma\tan\varphi \tag{7.3}$$

从上文实验结果来看，泥炭土最显著的特点是剪切强度包线不再是简单的一条直线，而是不同斜率相交的两条直线构成的折线。可以对式(7.3)做相应的改进，得到本次实验泥炭土抗剪强度包线表达式：

$$\begin{cases} 当\sigma < \sigma_s & \tau_f = c_1 + \sigma\tan\varphi_1, \quad 前段直线 \\ 当\sigma \geqslant \sigma_s & \tau_f = \tau_s + (\sigma - \sigma_s)\tan\varphi_2, \quad 后段直线 \end{cases} \tag{7.4}$$

其中，c_1 为黏聚力，可通过前段数据拟合得出。即图 7.5 中的直线1′、2′、3′在纵轴上的截距 a_1，分别用 c_{q1}、c_{cq1}、c_{s1} 表示；φ_1 为前段内摩擦角，通过直线1′、2′、3′的斜率 b_1

换算得到，分别用 φ_{q1}、φ_{cq1} 和 φ_{s1} 表示。σ_s 为转折点法向应力，τ_s 为转折点对应的抗剪强度。为了统一起见，也可以将 τ_{s1}、τ_{s2}、τ_{s3} 分别记为 c_{q2}、c_{cq2}、c_{s2}。但需要明确的是，τ_s 从物理意义上说不仅是黏聚力，而是黏聚强度和摩擦强度的综合体现。φ_2 为后段内摩擦角，通过直线 1、2、3 的斜率 b_2 换算得到，分别用 φ_{q2}、φ_{cq2} 和 φ_{s2} 表示。

高分解度泥炭土的抗剪强度包线为两条不同斜率相交的直线构成的折线，并非对传统土库伦剪切强度理论的否定[154]。事实上，前人注意到应力历史的影响也会使得非有机质土抗剪强度包线出现类似的折线，具体表现为先期固结压力为折线折点对应的法向应力，先期固结压力前后两个压力段数据做线性回归可得到两段不同斜率的直线[155]。

7.4.4 直剪抗剪强度指标分析

将不同场地泥炭土直剪抗剪强度指标汇总(表 7.3)，结合表 7.2、表 7.3 中的数据综合分析不难发现，通过不同剪切方法获得的抗剪强度指标，除个别异常点外，基本满足如下关系：

$$\begin{cases} c_{cq1} \approx c_{s1} > c_{q1}, & \varphi_{s1} \approx \varphi_{cq1} > \varphi_{q1} \\ c_{cq2} \approx c_{s2} > c_{q2}, & \varphi_{s2} \approx \varphi_{cq2} \gg \varphi_{q2} \end{cases} \tag{7.5}$$

表 7.3 不同场地泥炭土抗剪强度指标

取样场地	固结快剪法				慢剪法				快剪法			
	前段		后段		前段		后段		前段		后段	
	c_{cq1}/kPa	φ_{cq1}/(°)	τ_{s2}/kPa	φ_{cq2}/(°)	c_{s1}/kPa	φ_{s1}/(°)	τ_{s3}/kPa	φ_{s2}/(°)	c_{q1}/kPa	φ_{q1}/(°)	τ_{s1}/kPa	φ_{q2}/(°)
一	6.7	16.3	62.8	34.3	12.1	14.9	64.6	37.6	4.7	9.6	22.1	0.3
二	13.1	12.1	56.7	23.7	10.9	16.6	68.9	21.9	13.3	3.2	19.0	2.4
三	23.4	10.4	58.5	19.9	20.6	17.5	78.3	25.1	13.5	2.7	20.0	0.8
平均值	14.4	12.9	59.3	26.0	14.5	16.3	70.6	28.2	9.4	5.7	20.4	1.2

高分解度泥炭土特殊的抗剪强度包线一直以来未引起人们足够重视，主要原因如下。在工程实践中，直剪实验时软土常用 50kPa、100kPa、150kPa、200kPa 法向应力，较硬的土采用 100kPa、200kPa、300kPa、400kPa 法向应力，这种操作习惯容易导致出现以下两种情况。①实验施加的法向应力小于 σ_s，实验结果为前段直线所对应的指标。将表 7.3 中前段线对应的抗剪强度指标和现有文献[57, 130]所报道的昆明泥炭土抗剪强度对比，发现它们近似，说明该推断是合理的。②实验施加的法向应力大部分小于 σ_s，少部分大于 σ_s，即在前段和后段线上分别取点，实验结果为实验点回归直线对应的指标，这样的结果将造成一定的误差；但由于泥炭土物质组成空间变异较大，这种异常经常被误认为是土样自身差异所致而被忽略。

将本节实验结果和现有低分解度纤维泥炭土抗剪强度研究成果对比分析可知，低分解度纤维泥炭土抗剪指标相对较高。例如，Yamaguchi 等[133]、Long[53]、Mesri 和 Ajlouni[2] 通过三轴实验所测得的纤维泥炭土有效内摩擦角(φ')高达 48°～68°，采用直剪和单剪实验结果为 20°～38°[50, 51]。三轴实验极高 φ' 值通常解释为土中残余纤维的加筋作用。高分解度泥炭土中为数不多的残余纤维是否也有加筋作用目前尚不明确，但直剪实验可以基本消除水平分布的残余纤维加筋作用目前是一个共识，这也是本节采取直剪实验作为主要研究手段的原因。利用多种剪切方法分析高分解度泥炭土的加筋作用及机理是笔者今后拟开展的工作。

7.5 机理分析与探讨

7.5.1 泥炭土固结变形特性分析

慢剪和固快法过程中，试样都经历了一定时长的固结过程，通过测量土样变形量以掌握其固结变形特性，有助于分析泥炭土抗剪强度来源和演化机理。图 7.6 为不同场地泥炭土在不同法向应力作用下的固结变形量、孔隙比变化规律。

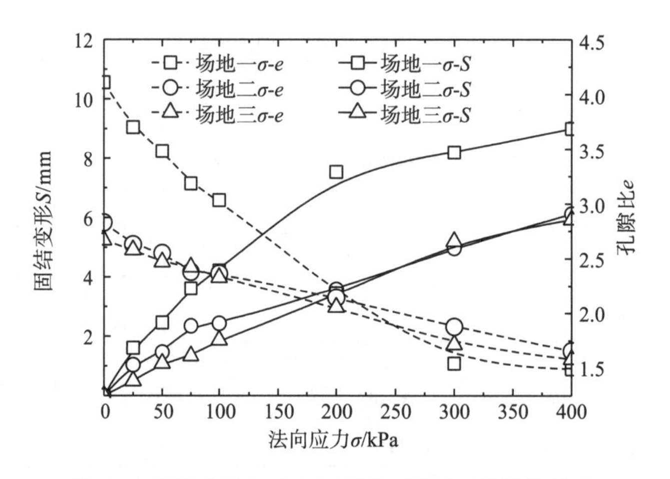

图 7.6 泥炭土法向应力与固结变形量、孔隙比关系

从图 7.6 可知，不同场地泥炭土固结过程中固结变形量 S 随着法向应力 σ 的增大而增大，当 σ=200kPa 时，S 分别高达 7.6mm、3.6mm 和 3.4mm；当 σ=300kPa 时，S 更是达到了 8.2mm、5.0mm 和 5.2mm。此外，孔隙比 e 均随 σ 的增大而减小；当 σ=200kPa 时，从初始孔隙比 4.1、2.8 和 2.7 分别降至 2.18、2.14 和 2.05。值得注意的是，不同场地泥炭土孔隙比 e 之间的差异随着 σ 的增大而减小，在 $\sigma \geqslant$200kPa 后基本相近。

采用 Taylor 提出的时间平方根法计算得到泥炭土固结系数 C_v，分析不同法向应力作用下泥炭土固结系数 C_v 与固结结束(剪切开始前)时土的孔隙比 e 的关系，如图 7.7 所示。

从图 7.7 中可知，在不同法向应力 σ 作用下，泥炭土固结系数 C_v 随 σ 增大而下降。当 σ 从 25kPa 增至 200kPa(100kPa)左右时，C_v 下降幅度大，在 σ 超过 200kPa(100kPa)后，C_v 降幅减小并逐步趋稳。C_v 的大小是土体固结排水能力的体现，这表明 σ 从 25kPa 增至 200kPa(100kPa)时作为主要排水通道的孔隙逐渐被堵塞压密。

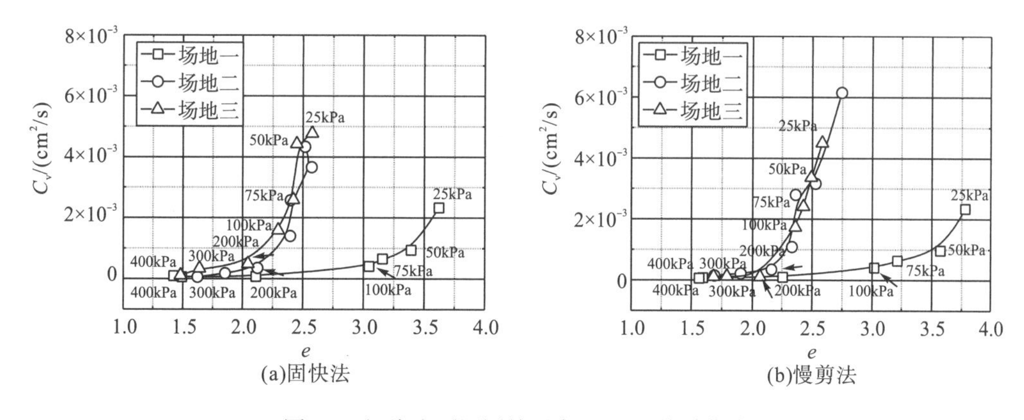

(a)固快法　　(b)慢剪法

图 7.7　泥炭土不同固结压力下 C_v-e 关系曲线

7.5.2　泥炭土压缩-剪切微结构模型

分解过程使得土中残余纤维转变为腐殖质，故此，高分解度泥炭土的有机质主要为腐殖质，残余纤维含量较低。土壤中的腐殖质通常以游离态和结合态的形式存在；游离态的腐殖质很少，绝大多数是结合态腐殖质，即与土壤无机组分，尤其是黏粒矿物和阳离子紧密结合，以有机-无机复合体的方式存在；通常 52%～98%的土壤有机质集中在黏粒部分；腐殖质由于具有巨大的比表面积和亲水基团，使得腐殖质-黏粒团聚体具有松软、多孔、絮状的特性[33]。因此，高分解度泥炭土主要由砂粒、粉粒、腐殖质-黏粒团聚体及碳化植物纤维残体构成[42, 91, 95]，比普通软土的物质成分更加复杂，微观结构方面亦有很大差别。

蒋忠信[57]项目组对滇池地区泥炭土做了大量微观结构研究，发现以蜂窝状结构、架空结构和球状结构为主，这些结构主要靠水膜和有机质连接。土中的孔隙按大小和存在形式可分为：架空的大孔隙，直径一般大于 10μm；微团聚体、团聚体、有机质内的微孔隙，孔径一般为 1～5μm；植物体中的孔隙，大小不一[57]。图 7.8 为场地一泥炭土典型 SEM 电镜扫描照片，从中可清楚地观测到这几种类型孔隙的存在。

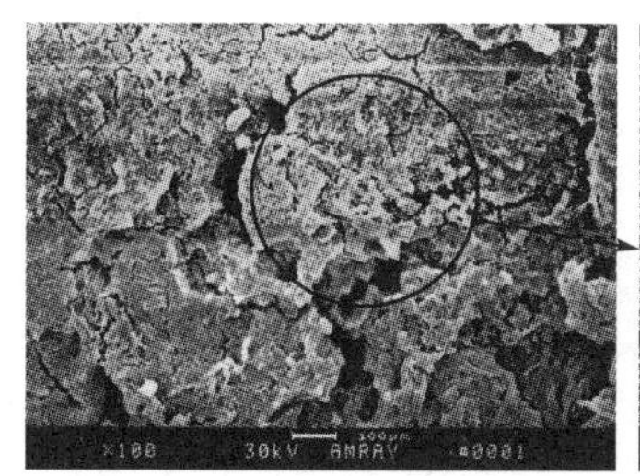

(a)土中架空大孔隙

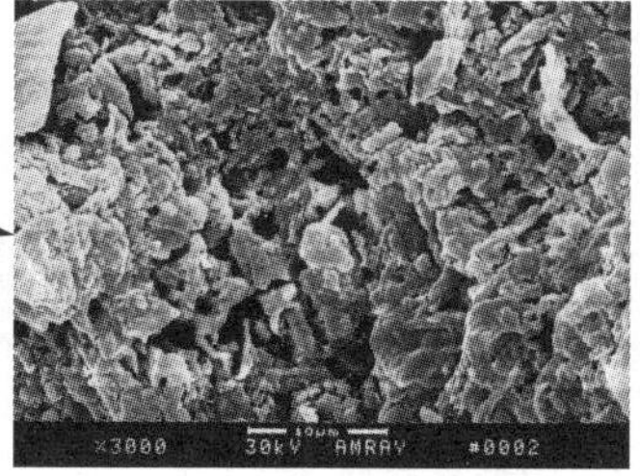

(b)土团聚体中的微孔隙

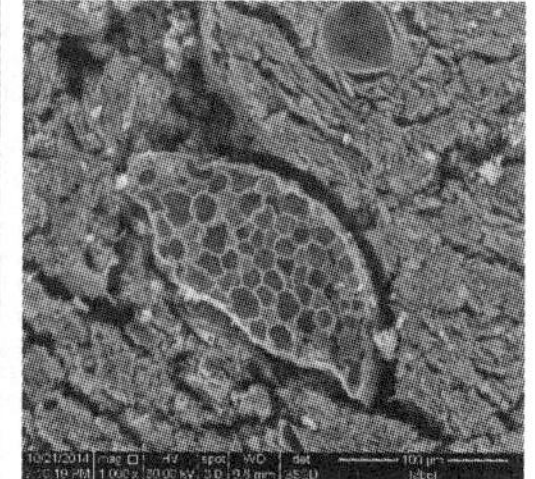
(c)植物残体中的孔隙

图 7.8　泥炭土微观结构电镜扫描图

根据物质组成、孔隙类型和分布特点，在 Wong 等[92]基础上，笔者建立了高分解度泥炭土微结构模型(图 7.9)对其压缩-剪切特性进行分析。需要说明的是，如上文所述，游离态的腐殖质胶体并不多见，且多属不定形体，大小不一，结构不稳定[33]，图 7.9 中有机质胶体仅为示意。

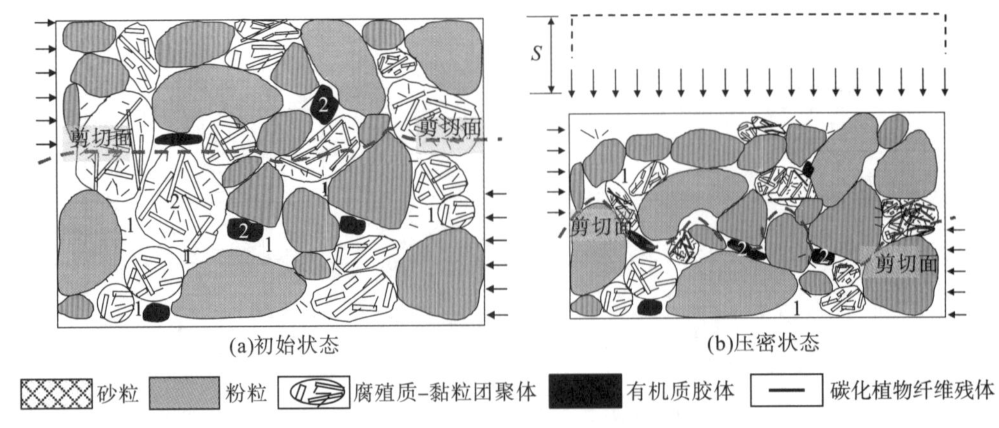

1—架空大孔隙；2—微孔隙；S—压缩变形量

图 7.9　高分解度泥炭土压缩-剪切微结构模型

初始状态时，土中富含孔隙，包括架空大孔隙和微孔隙；土颗粒(主要为粉粒及砂粒)之间散布了大量的团聚体、有机质胶体及碳化植物纤维残体，未真正构成土骨架并起到承担外部荷载作用，架空大孔隙是主要的排水通道，如图 7.9(a)所示。当法向应力 σ 达到 200kPa(或 100kPa)，宏观上此时土体压缩变形显著(图 7.6)。土中架空大孔隙已经大部分被压密，原先散布的未起到土骨架作用的土颗粒逐步压缩靠近形成土骨架，如图 7.9(b)所示。此时，泥炭土处于相对密实状态，外部荷载主要由大颗粒骨架承担，其中的微小孔隙及残余粒间大孔隙成为主要的排水通道。即在不断增大的法向压力作用下，泥炭土经历了从多孔隙状态到相对密实状态的转变。相应地，其直剪特性也会发生改变，具体表现如下。

(1)当泥炭土处在多孔隙状态时，剪切面主要穿过土团聚体、架空大孔隙及少量大颗粒间的接触面，如图 7.9(a)所示。当无法向应力时，泥炭土依靠团聚体中黏粒间各种物理化学作用力[156]和有机质胶结作用抵抗剪切，即黏聚强度为主要抗剪强度来源；随着法向应力增大，架空大孔隙中发生固结排水，土团聚体相互靠近，导致黏聚强度增大。另外，土团聚体中微孔隙也逐步排水，黏粒团聚体逐步压密；同时，还存在少量大颗粒(主要为粉粒及砂粒)压力接触，使得颗粒之间滑动时产生一定的滑动摩擦。故此，摩擦强度也是泥炭土抗剪强度的来源。

(2)当泥炭土处在相对密实状态时，土颗粒相互靠近接触形成土骨架，剪切面主要沿着相互咬合接触的大颗粒间、土团聚体与大颗粒接触面发展，局部切过土团聚体内部，如图 7.9(b)所示。此时，抗剪强度除了黏聚强度以外，大土颗粒间摩擦强度也占了很大一部分。通常情况下，土的摩擦强度的产生的物理过程包括如下两个部分：一是颗粒之间滑动时产生的滑动摩擦；二是颗粒之间脱离咬合状态而移动所产生的咬合摩擦。由于泥炭质土土颗粒主要为粉细砂和粉粒等细小颗粒，加上土中孔隙众多给土颗粒调整位置提供了足够的空间，故此，推断泥炭土摩擦强度主要是滑动摩擦导致。

泥炭土前后段直线斜率的不同，表明土的内摩擦角大小发生变化。土的内摩擦角主要取决于土的密实度、粒径级配、颗粒形状和矿物成分等[156]；此外，还和土粒表面的粗糙程度和交错排列的咬合情况有关，土粒表面愈粗糙，棱角愈多，密实度愈大，土的内摩擦角就愈大。固结快剪和慢剪时，随着 σ 的增大，剪切面上剪过的土粒从以黏粒为主变为以粉粒、砂粒为主；粒径增大，必然导致土的内摩擦角增大。这就是泥炭土前段内摩擦角平均值 $\varphi_{cq1平}=12.9°$，而后段内摩擦角平均值增大到 $\varphi_{cq2平}=26°$ 的原因。

快剪时，通过快速加载使泥炭土不发生排水固结。但由于仪器本身无法做到完全不排水，再加上加载初期泥炭土富含连通性较好的架空大孔隙，短时间内仍有孔隙水排出，使得土中部分架空大孔隙压密，剪切面切过的土团聚体及土颗粒接触面增多，这就是 σ 在 25～100kPa 阶段泥炭土抗剪强度有增大趋势的原因。但这一排水过程有很大的随机性，故该阶段泥炭土的抗剪强度离散性很大，如图 7.4(e)所示。在 σ 为 25～100kPa 阶段，剪切面上的土颗粒接触面较少，但由于排水作用，接触的土粒之间有一定的有效应力，导致了摩擦强度存在，这就是前段直线有一定斜率($\varphi_{q1平}=5.7°$)的原因。但由于孔隙水压力来不及完全消散，使得快剪法所得前段内摩擦角($\varphi_{q1平}=5.7°$)小于固快法内摩擦角($\varphi_{cq1平}=12.9°$)，快剪法黏聚力 $c_{q1平}=9.4$kPa 小于固快法 $c_{cq1平}=14.4$kPa。在 $\sigma>100$kPa 后，泥炭土中架空大孔隙基本被压密，瞬间排水能力下降，土中超静孔隙水压力无法消散。根据有效应力原理，即便此时土颗粒(主要为粉粒及砂粒)已经压密至相互接触，接触面上的有效应力仍然很小，也即摩擦强度较小，这就是快剪时后段直线斜率极小($\varphi_{q2平}=1.2°$)的原因。

7.5.3 关于抗剪强度包线转折点对应法向应力 σ_s 的讨论

据前文分析，泥炭土经历了从多孔隙状态到相对密实状态的转变，使得抗剪强度包线出现转折点，故此 σ_{s1} 和 σ_{s2} 均可视为土体被压密的临界强度。σ_{s1} 可视为连通架空大孔隙被基本压密的临界强度，σ_{s2} 可认为是压密至土中形成土颗粒骨架的临界强度。从图 7.6、图 7.7 中分别可知，固结压力为 σ_{s2} 时，三场地不同泥炭质土样的孔隙比接近，平均值 $e_{平}\approx 2.2$；σ_{s1} 时的固结系数接近，平均值 $C_{v平}\approx 3.4\times 10^{-4}\text{cm}^2/\text{s}$。本次实验所得快剪法 τ_f-σ 关系转折点对应的法向应力 σ_{s1} 约等于 100kPa；固快、慢剪法的 $\sigma_{s2}(=\sigma_{s3})$ 约等于 200kPa。Kovalenko 和 Anisimov[152]实验得出的 σ_s 为 50kPa 左右，这可能和其土样高孔隙率($e_0=11.9$～16)、高含水率($w_0=730\%$～1000%)的特性有关。笔者认为泥炭土压密临界强度可能和泥炭土的成因、应力历史、矿物成分、颗粒级配以及有机质含量、成分、分解度等因素有关，需做深入研究。

7.6 本章小结

(1)固快和慢剪时，当 σ 较小，泥炭土剪切变形以塑性变形为主；随着法向应力 σ 的增大，剪切变形以弹塑性变形为主。对于快剪实验，均表现出以塑性变形为主的特点。

(2)泥炭土固快、慢剪实验 τ_f-σ 关系曲线形式上相近，均表现为 τ_f 随着 σ 的增大而增大，但这种增大并非线性的；快剪实验 τ_f-σ 关系曲线表现出 τ_f 先增大后趋稳的特点。相同法向应力 σ 时，慢剪实验所得泥炭土抗剪强度 τ_f 略高于固快抗剪强度；快剪所得 τ_f 最小；随着 σ 的增大，固快法、慢剪法所得 τ_f 与快剪实验的 τ_f 差值越来越大。

(3)泥炭土的抗剪强度包线为两段相交的折线，可用式(7.6)作为表达式。实验所得快剪法 τ_f-σ 关系转折点对应的法向应力 σ_{s1} 约等于 100kPa；固快、慢剪法的 σ_{s2}(=σ_{s3})约等于 200kPa。

$$\begin{cases}\tau_f = c_1 + \sigma\tan\varphi_1, & \sigma < \sigma_s \\ \tau_f = \tau_s + (\sigma - \sigma_s)\tan\varphi_2, & \sigma \geqslant \sigma_s\end{cases} \tag{7.6}$$

(4)孔隙比 e 随 σ 的增大而减小，三个场地泥炭土孔隙比 e 之间的差异随着 σ 的增大而减小，在 $\sigma \geqslant 200$kPa 后达到基本接近。固结系数 C_v 随 σ 增大而下降，当 σ 从 25kPa 增至 200kPa(100kPa)左右时，C_v 下降幅度大；在 σ 超过 200kPa(100kPa)后，C_v 降幅小并逐步趋稳。

(5)机理分析表明，在不断增大的法向应力作用下，泥炭土经历了从多孔隙状态到相对密实状态的转变，导致其抗剪强度及抗剪强度参数也相应地发生改变。

第八章　高分解度泥炭土渗透特性研究及机理分析

8.1　概　　述

渗透系数是反映土体力学特性的一个重要参数，它与土体的固结变形、地下水渗流、环境岩土中污染物的扩散等问题密切相关[157]。但一直以来，关于泥炭土工程特性研究主要集中在变形及强度方面，渗透特性研究相对较少。早期的研究[12，42，114]在探讨泥炭土工程特性时，渗透性仅作为一个方面被提及，以测定分析其初始渗透系数 k_{v0} 为主。随着与泥炭土地基有关的工程实践增多以及堆载预压法处理泥炭土地基的成功实施[13，58]，在有关泥炭土地基大应变固结变形分析中，渗透系数变化规律是材料非线性分析必不可少的参数，逐步引起了人们的关注。例如：Lefebvre 等[28]利用渗压仪，采用变水头法测定了加拿大 2 个不同场地泥炭土的渗透系数，并分析了压缩过程中孔隙比与渗透系数的关系。Hayashi 等[29]在日本北海道地区多个场地进行了原位实验，获得了泥炭土渗透系数，和室内实验结果进行了比较，并分析了烧失量、初始孔隙比等与渗透系数的关系。

受植被类型、矿物成分、形成年代、地质条件、气候条件等因素的影响，不同地区泥炭土物质组成及工程性质差异极大[44，84，149]，具有较强的地域性和时间性。我国泥炭土大都分布在远离市区的湿地和森林地区，昆明和大理市是为数不多的市区下伏深厚泥炭土的城市。因特殊的地理位置和高原气候，环滇池、洱海区域属古代大片湖沼区，第四纪沉积深厚，泥炭土分布广泛。然而，到目前为止，对高原湖相泥炭土工程特性研究相对不足，其渗透特性鲜有报道。本章以滇池、洱海泥炭土为研究对象，通过开展一系列室内实验，系统分析了高原湖相泥炭土渗透特性及相关机理。

8.2　土样基本性质及其分类

本章实验土样取自云南省昆明及大理市(图 8.1)。其中，昆明的取样场地 4 个，集中在滇池以北、距滇池 1～10km 的范围内。所取土样多为③$_1$层泥炭质土，形成于全新世，土层埋深及厚度变化大，有越靠近滇池埋深越浅的趋势。大理取样场地 2 处，分别在洱海南北两侧，具体取样深度见表 8.1。除场地一和场地五采用钻孔薄壁取土器取样外，其余均为基坑底部人工取土，以保证土样的原状性。

通过室内实验测试土样基本物理力学性质指标并进行分类，详见表 8.1。

图 8.1 取样场地位置

表 8.1 试样的物理力学性质指标

取样地	取土深度/m	颜色	含水率 w/%	孔隙比 e_0	重度 γ/(kN/m³)	相对密度 G_s	烧失量① w_i/%	灰分 w_c/%	纤维量② w_f/%	无侧限抗压强度 q_u/kPa	土样分类
场地一	7.2～7.4	黑色	304.6	4.5	11.2	1.53	54.4	45.6	8.4	31.8	$H_{7\sim8}B_2F_1R_0W_0$
	8.4～8.6		322.4	4.7	11.3	1.53	36.2	63.8	7.6		
场地二	2.3～2.5	黑色	77.0	2.0	14.0	2.38	25.2	74.8	2.1	36.1	$H_9B_2F_1R_0W_0$
	2.5～2.7		97.8	2.0	13.8	2.11	26.8	73.2	2.0		
场地三	6.0～6.5	黑色	202.8	3.7	11.6	1.80	47.8	52.2	7.0	—	$H_{7\sim8}B_2F_1R_0W_0$
场地四	2.0～2.2	灰褐	622.3	10.4	10.1	—	84.7	15.3	24.0	10.0	$H_{3\sim4}B_3F_2R_0W_0$
	2.5～2.7	黑色	218.4	4.9	12.0	—	31.2	68.8	6.0	—	$H_{7\sim8}B_2F_1R_0W_0$
场地五	6.2～6.4	黑色	250.5	5.5	12.4	1.63	37.9	62.1	4.3	—	$H_{8\sim9}B_2F_1R_0W_0$
场地六	2.2～2.8	灰黑	39.6	1.0	17.9	2.60	9.5	90.5	<0.1	75.5	—

注：①灼烧法，参考 ASTM(D2974-14)[4]；②湿筛法，参考 ASTM(D1997-13)[3]。

泥炭土的有机质主要来源于植物枝叶、根系、分泌物及动物残骸的分解残余。分解度越低，土中包含的残余纤维(粗纤维长度＞1mm、细纤维长度＜1mm)及动植物残体越多；分解度越高，土的有机质中无定形腐殖质所占比例相对越大[14]。根据土中残余纤维含量 w_f 可判定泥炭土的分解度，如 ASTM(D4427-13)[67]中将 $w_f \geq 67\%$的称为纤维泥炭土(Fibric)，$67\% > w_f > 37\%$的称为半纤维泥炭土(hemic)，$w_f \leq 37\%$的称为高分解泥炭土(Sapric)。Landva 和 Pheeney[35]将 $w_f \geq 20\%$的称为纤维泥炭土(fibrous peat)，$w_f < 20\%$的则称为无定型泥炭土(amorphous peat)。根据所测 w_f 可知本节土样以高分解度泥炭土(无定型泥炭土)为主。综合分析国内外文献可知，现有关于泥炭土的研究多针对纤维泥炭土，对高分解度泥炭土工程特性了解较少[84]，这也是本章研究开展的重要原因。

在获得表 8.1 中指标之后，即可对土样进行分类。目前国际上常用的两类泥炭土分类标准冯•波斯特分类系统[151]和 ASTM(D4427-13)中，除有机质含量外，还考虑了有机质分解度、含水率、有机质残余物含量等诸多因素。本节主要参照冯•波斯特分类系统进行分类，如场地一泥炭土属高分解度($H_{7\sim8}$)、低含水率(B_2)、低纤维含量(F_1)、极微量粗纤维(R_0)和木质残余(W_0)的泥炭土($H_{7\sim8}B_2F_1R_0W_0$)；场地四表层泥炭土属中等分解度($H_{3\sim4}$)、中等含水率(B_3)、中等纤维含量(F_2)、极微量粗纤维(R_0)和木质残余(W_0)的泥炭土($H_{3\sim4}B_3F_2R_0W_0$)；根据有机质含量，场地六土样属于有机质土。选取其中四个场地典型土样照片，如图 8.2 所示，从中可以直观地看出，不同分解度泥炭土的颜色、组分及其结构存在差异。

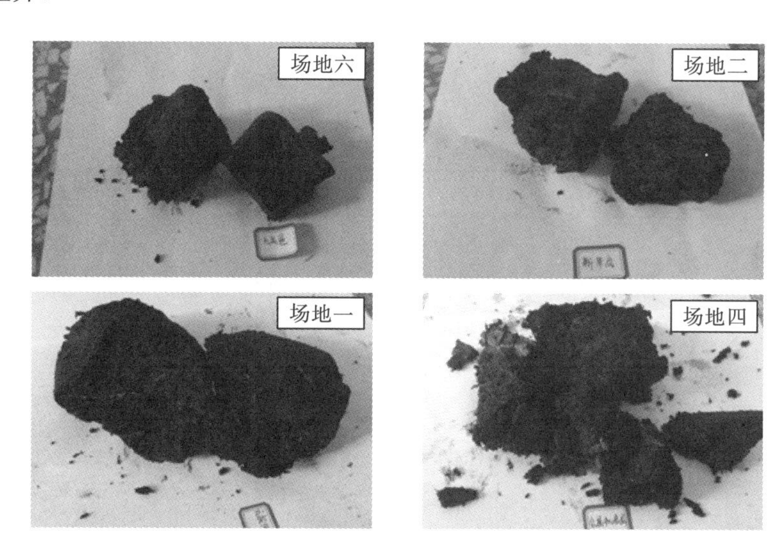

图 8.2　泥炭土样(按分解度从高至低排列)

8.3　实 验 方 法

传统渗透仪只能进行高度固定的土样渗透实验，为了直接测定压缩过程中土的渗透系数，需对仪器做相应的改进。参照 Tavenas 等[158]的方法将普通渗透仪改装成能保证容器密封性的固结渗透仪；同时，利用常规杠杆固结仪加荷系统给渗透仪施加荷载，从而实现固结—渗透联合实验的目的(图 8.3)。

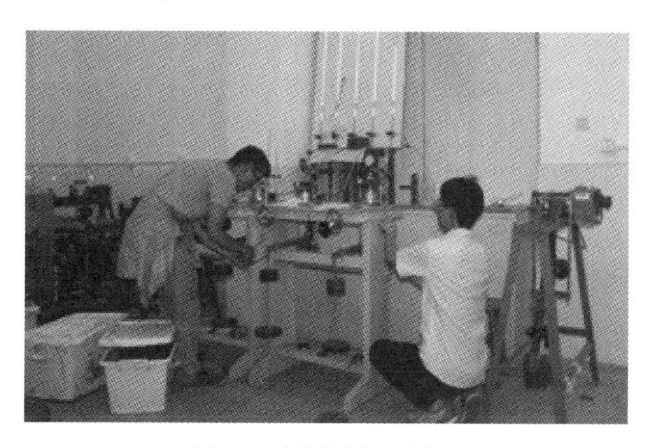

图 8.3　土的固结渗透实验

本节采用变水头实验，具体实验方法如下。

分级加载固结渗透实验：从原状土样中切取若干个试样，试样尺寸为ϕ61.8mm、高40mm、截面积 30cm^2，采用抽气饱和。固结应力按 12.5kPa→25kPa→50kPa→100kPa→200kPa→400kPa→800kPa 的顺序逐级增大，每级荷载持续 10d，其间记录试样固结变形量，之后在保持荷载不变的情况下进行渗透实验。

分别加载固结渗透实验：试样备样过程同上。实验时分别施加固结应力对试样进行固结，如 50kPa、100kPa、200kPa 等。在固结约 2d 后开始变水头渗透实验，之后每隔数天测试一次，持续时间约 15d。具体实验方案如表 8.2 所示。

表 8.2 实验方案

实验名称	取样场地	试样编号	试样深度/m	固结加荷序列/kPa	总历时/d
一维固结渗透实验（分级加载）	场地一	CD1-1、CD1-2	7.2～7.4	12.5→25→50→100→200→400→800	70d（10d/级）
		CD1-3、CD1-4	8.4～8.6		
	场地二	CD2-1、CD2-2	2.3～2.5		
		CD2-3、CD2-4	2.5～2.7		
	场地三	CD3-1、CD3-2、CD3-3	6.0～6.5		
	场地四	CD4-1、CD4-2	2.0～2.2		
		CD4-3、CD4-4	2.5～2.7		
	场地五	CD5-1、CD5-2	6.2～6.4		
	场地六	CD6-1、CD6-2	2.0～2.3		
一维固结渗透实验（分别加载）	场地二	—	2.3～2.5	50、100、200、400	约 15d
	场地四	—	2.5～2.7	50、100、200	

8.4 实验结果与分析

8.4.1 加载时长与渗透系数关系

泥炭土在固结应力作用下，除主固结变形外，还会发生显著次固结变形，可占总压缩变形量的 35%左右[127]，这必然导致其渗透系数随加荷时间发生改变。某一固结压力下泥炭土渗透系数多久才能稳定并不清楚，这需要先明确渗透系数随加载时长的变化规律。图 8.4 为取自 2 个场地 7 组土样分别加载条件下其渗透系数与加载时长关系曲线。

从图 8.4 中可以看出，分别加载作用下，泥炭土渗透系数 k_v 随加载时长 T 的增大有减小趋势，一定时长后逐渐稳定，k_v 基本稳定所需的时间大致在 14000min 左右(约 10d)；且 k_v 下降幅度与固结应力 σ'_v 大小有关，σ'_v 越大，k_v 随时间的变化幅度越小。参考上述实验结果并考虑到实际操作的可行性，本章分级加载固结渗透实验时每级荷载的持续时长取为 10d。

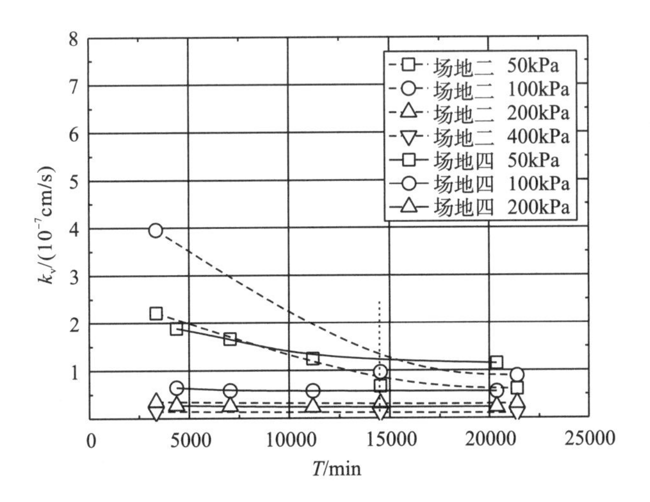

图 8.4　分别加载下泥炭土渗透系数随加载时长变化曲线

8.4.2　压缩过程中固结应力与渗透系数关系

常规的室内渗透实验是在无荷载的条件下进行的。而实际工程中，地基土总会承受一定的上覆土自重应力和建筑物附加应力，引起土体内部应力状态和基本性质发生改变。故此，开展压缩过程中泥炭土渗透系数变化研究具有现实意义。本次实验分别对 6 个场地 19 组土样进行了分级加载实验，固结应力 σ_v' 与孔隙比 e、渗透系数 k_v 的关系如图 8.5 所示。

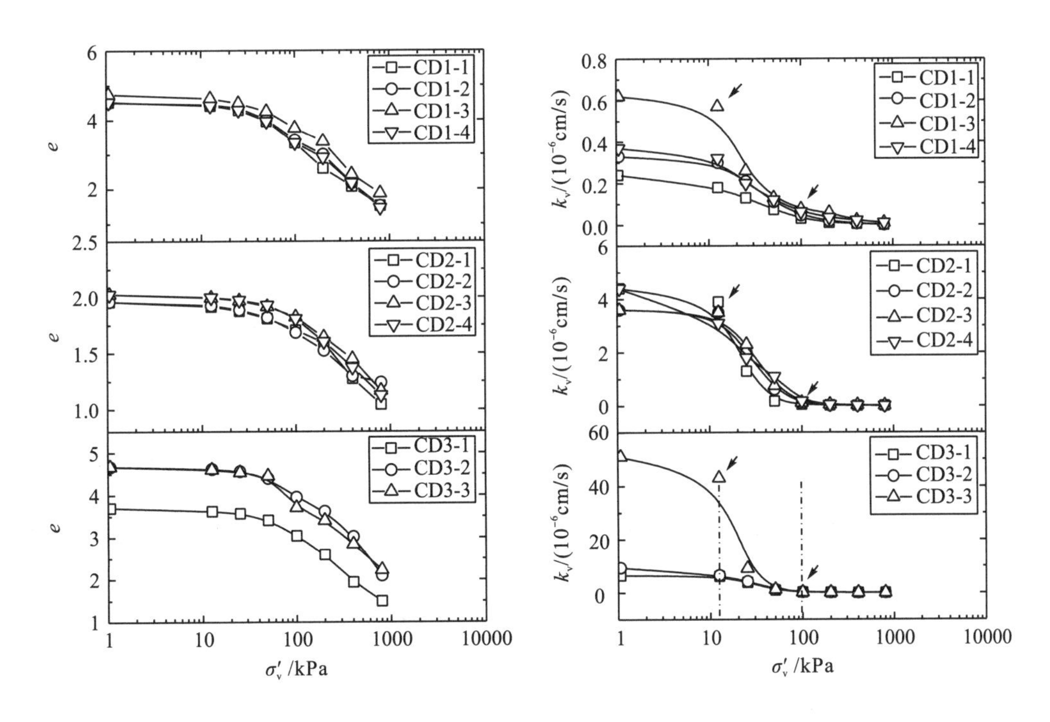

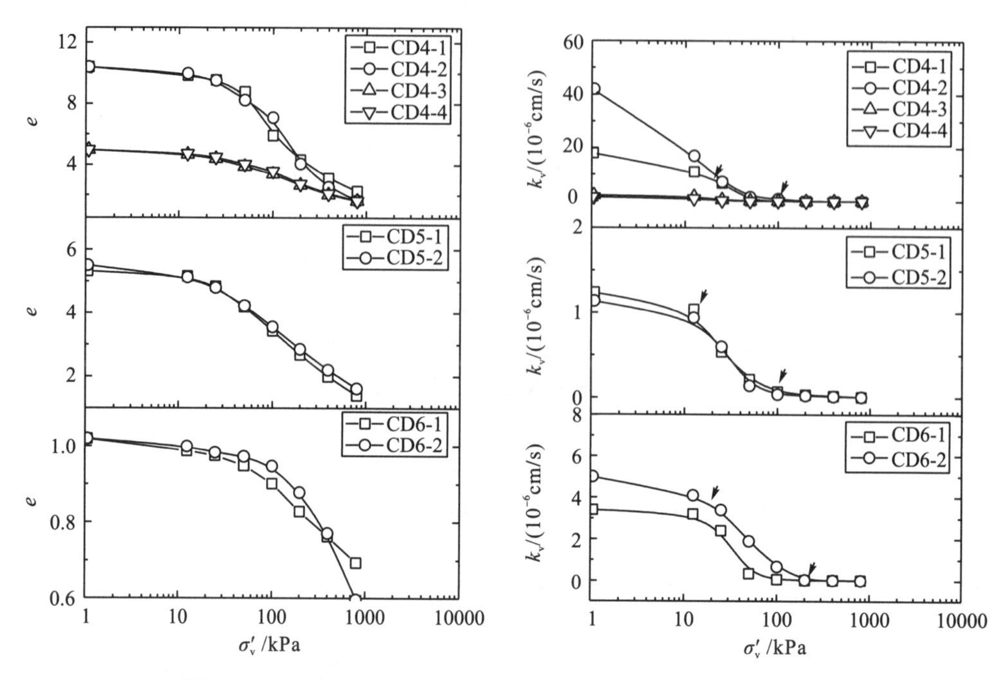

图 8.5 泥炭土孔隙比 e、渗透系数 k_v 随固结应力 σ'_v 变化的曲线

由图 8.5 可知，固结应力 σ'_v 的增大导致高原湖相泥炭土孔隙比 e 逐渐减小，渗透系数 k_v 呈现非线性减小的特点。其 k_v 与 σ'_v 对数坐标曲线近似反“S”形，可以大致分为三段：第一段，大约在 $\sigma'_v<12.5$kPa 范围内，k_v 变化相对较小；第二段，当 $\sigma'_v>12.5$kPa 后，k_v 急剧下降；第三段，约在 $\sigma'_v>100$kPa 之后，随 σ'_v 增大 k_v 的降幅减小，变化趋于平缓。例如试样 CD1-1，随着固结应力的增大，渗透系数从 $k_{v0}=2.4\times10^{-7}$cm/s 下降至 $\sigma'_v=100$kPa 时的 3.1×10^{-8}cm/s，当 $\sigma'_v=800$kPa 时，渗透系数为 1.0×10^{-9}cm/s。这表明固结应力 σ'_v 增大引起 k_v 发生显著变化，将 k_v 视为常数的做法有可能引起泥炭土地基固结沉降变形计算产生较大误差。

8.4.3 高原湖相泥炭土渗透模型研究

众多学者通过对压缩过程中土的孔隙比 e 与渗透系数 k_v 关系进行分析，建立了渗透模型。常见的有：适用于砂土的 K-C 渗透模型[159, 160]；适用于黏性土的单对数渗透模型 e-$\lg k_v$[161]，双对数渗透模型 $\lg[k_v(1+e)]$-$\lg e$[162]、$\lg e$-$\lg k_v$[163]、$\lg(1+e)$-$\lg k_v$[164]等，及其他形式的渗透模型，如 $k_v=k_{v0}\left(\dfrac{1+e}{1+e_0}\right)^2$ 及 $k_v=k_{v0}\left(\dfrac{1+e}{1+e_0}\right)^\alpha$ [165, 166]等。然而这些经验关系的适用范围都有一定的局限性，任何一种渗透模型都难以准确描述所有天然沉积土的渗透性状。因此，对区域性土建立专门的渗透模型就显得很有意义了。

Taylor[161]建立的 e-$\lg k_v$ 渗透模型是黏性土中应用最多的模型之一，表达式如式(8.1)所示。

$$e-e_0=C_k\lg(k_v/k_{v0}) \tag{8.1}$$

式中，e_0、k_{v0} 分别为初始孔隙比和初始渗透系数；C_k 为渗透系数变化指数(简称渗透指数)，

即 e-lgk_v 曲线的斜率。鉴于 e-lgk_v 线性化关系形式比较简单，且考虑了初始状态 e_0、k_{v0} 的影响，渗透指数 C_k 值比较容易获取，在研究压缩过程中渗透系数变化规律时人们通常都会首选 e-lgk_v 关系为基准展开探讨分析。故本节采用该关系模型对泥炭土的渗透特性进行分析，如图 8.6 所示。

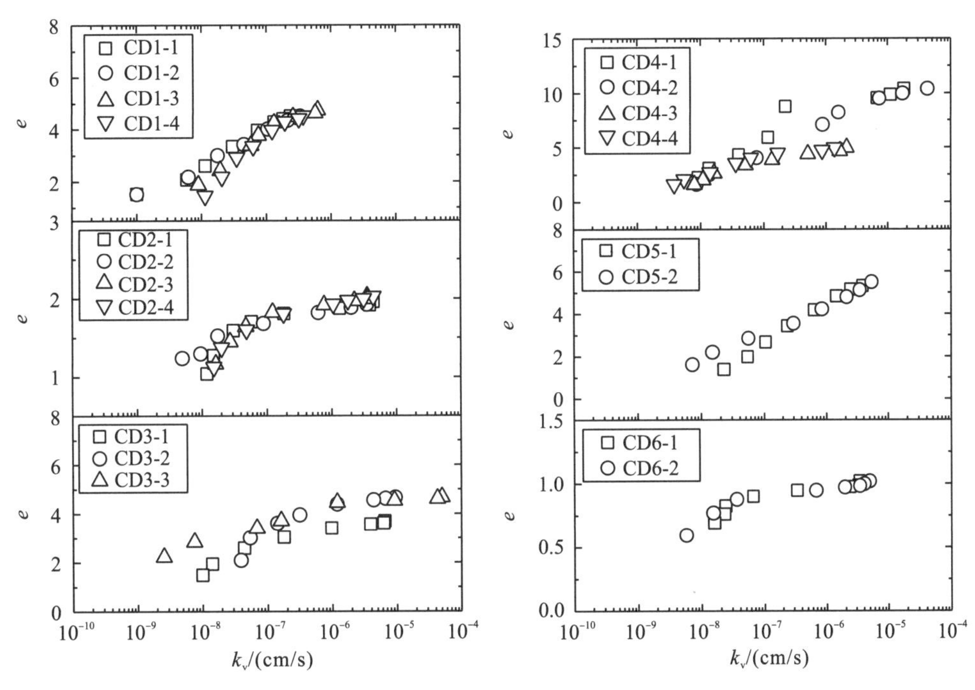

图 8.6　高原湖相泥炭土 e-k_v 关系

从图 8.6 可以看出，不同场地泥炭土均表现出渗透系数 k_v 随着孔隙比 e 的减小而下降的规律；其渗透曲线形态有一定的差异，但都基本满足线性关系。经分析，除场地二土样外，其余相关系数的绝对值在 0.8 以上，表明采用该关系模型来描述泥炭土渗透性是可行的。笔者还考察了前文所述其他几种常用渗透模型对高原湖相泥炭土渗透特性描述的适用性，发现该关系模型最为合适。Mesri 和 Ajlouni[2]和 Lefebvre 等[28]在对不同地区泥炭土渗透特性研究时也得出了类似结论。

该渗透模型中的渗透指数 C_k 形式上和压缩指数 C_c 类似，表征土中孔隙减少导致其渗透性下降程度，是分析土渗透特性的重要参数。Tavenas 等[167]发现 C_k 与土的初始孔隙比 e_0 有关，当 e_0 在 0.8～3.0 范围内可以用一个简单的线性关系 C_k=0.5e_0 表示，该式被认为适用于大多数普通黏性土。Mesri 和 Ajlouni[2]对某纤维泥炭土渗压实验结果进行了拟合分析，得出经验关系式 C_k=0.25e_0。笔者收集了国际著名期刊中报道的 5 个不同国家和地区泥炭土(表 8.3)的 C_k 与 e_0 数据，以便和高原湖相泥炭土综合比较分析。需要指出的是，文献报道中除 Matagami 泥炭土外，均未给出明确的残余纤维含量，但从原文中泥炭土的命名及相应的初始含水率和烧失量等基本物理指标来看，多属于低分解度的纤维泥炭土。从图 8.7 中可以看出，高原湖相泥炭土 C_k-e_0 近似符合线性关系，并且式 C_k=0.25e_0 也同样适用于高分解度泥炭土。

表 8.3　不同地区几种泥炭土物理性质指标

土样位置	土样类别	初始含水率 w_0/%	初始孔隙比 e_0	颗粒比重 G_s	烧失量 w_l/%	纤维含量 w_f/%	数据来源
Wisconsin/Middleton	纤维泥炭土	510～850	8.3～14.2	1.53～1.65	90～95	—	Mesri 和 Ajlouni[2]
Quebec/James Bay	纤维泥炭土	1000～1340	18.0～23.5	1.50～1.64	96	—	
Japan/Hokkaido	无定形至纤维泥炭土	240～764	—	—	23～94	—	Hayashi 等[29]
Iran/Urmia	无定形至纤维泥炭土	102～671	2.4～11.2	1.63～2.35	25～77	—	Badv 和 Sayadian[95]
Canada/Matagami	纤维泥炭土	880～1337	—	1.53～1.54	98.1～99.3	66～80	Lefebvre 等[28]

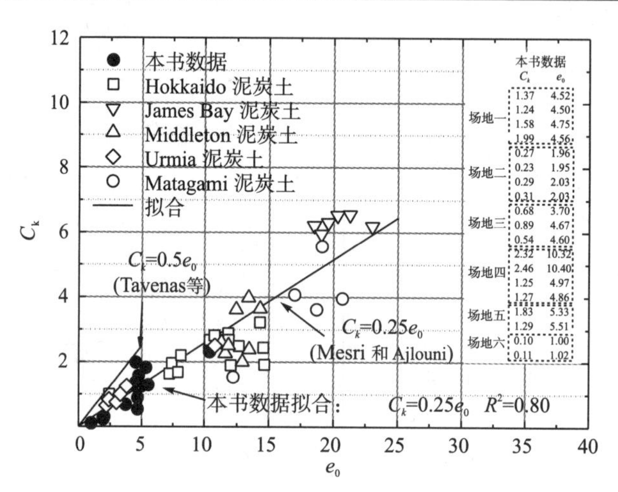

图 8.7　泥炭土 C_k-e_0 关系及其和普通黏性土的比较

为了更直观认识高原湖相泥炭土渗透特性，将其置于几种典型岩土材料的 e-k_v 关系框架图中进行比较分析(图 8.8)。几种典型岩土材料名称及特性简述如下：①三种高纯度

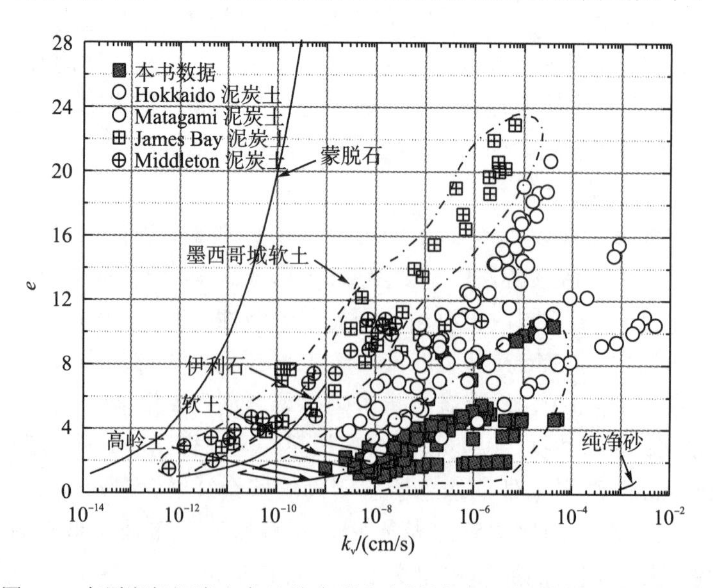

图 8.8　高原湖相泥炭土在几种典型岩土材料 e-k_v 关系框架图中的位置

黏土矿物，即蒙脱石、伊利石、高岭土；②普通软黏土和墨西哥城黏土；墨西哥城黏土是自然界中唯一存在的天然状态下孔隙比和纤维泥炭土相近的非有机质软土；③纯净砂；④国外四个不同地区泥炭土，其基本性质指标见表 8.3。以上岩土材料的 e、k_v 数据主要来源于文献[2，168-170]。

从图 8.8 中可以得出以下几个规律：①多数情况下，高原湖相泥炭土初始渗透系数 k_{v0} 和压缩状态下渗透系数 k_v 介于砂和普通黏性土之间；②纤维泥炭土从天然状态至压缩状态，渗透系数数量级变化范围为 10^{-12}～10^{-2}cm/s，这比高原湖相泥炭土的 10^{-9}～10^{-4}cm/s 范围要大；③纤维泥炭土 e–lgk_v 曲线斜率普遍大于高原湖相泥炭土，也即纤维泥炭土 C_k 值通常大于高原湖相泥炭土，该规律从图 8.7 中也可得出。

8.4.4 高原湖相泥炭土渗透参数研究

1.初始渗透系数 k_{v0} 影响因素分析

由图 8.9 可知，因取样场地不同，高原湖相泥炭土初始渗透系数 k_{v0} 变化幅度较大，数量级为 10^{-7}～10^{-5}cm/s。从图 8.9 中还可以看出，初始渗透系数 k_{v0} 和初始孔隙比 e_0、烧失量 w_i 及纤维含量 w_f 相关性较差，表明高原湖相泥炭土初始渗透系数的因素影响并非单一。

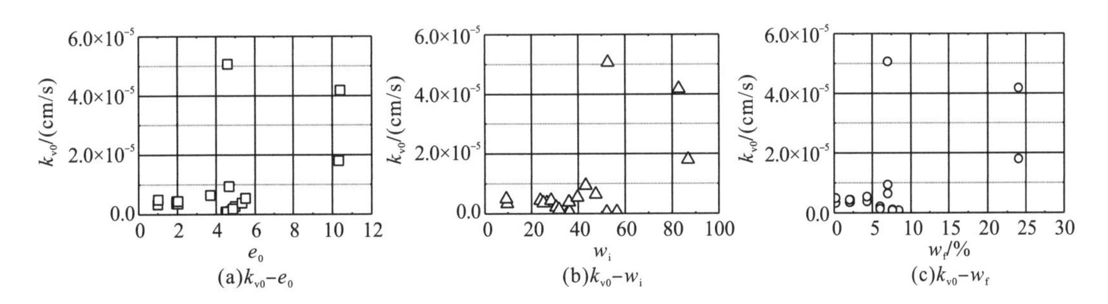

图 8.9　初始渗透系数 k_{v0} 与初始孔隙比 e_0(a)、烧失量 w_i(b)及纤维含量 w_f(c)的关系

实质上，泥炭土的初始孔隙比 e_0、烧失量 w_i 及纤维含量 w_f 三者之间是密切相关的，通常情况下，有机质分解度越低，则泥炭土中残余纤维越多、烧失量越高、初始孔隙比越大。Wong 等[92]曾定性地认为泥炭土 k_{v0} 随着有机质分解度的降低有增大趋势，图 8.8 中高分解度的高原湖相泥炭土 k_{v0} 普遍小于纤维泥炭土也支持这一结论。但图 8.9 中显示的实验结果表明单纯针对高原湖相泥炭土而言并未依从此规律，这有可能是因为本书实验土样绝大部分为高分解度泥炭土。对于纤维泥炭土，因矿物质土所占比例相对较小，其初始渗透系数和有机质分解度密切相关；而对于高分解泥炭土来说，除分解度外，矿物质土的成分、结构以及残余纤维空间分布的随机性等都有可能成为决定初始渗透系数大小的重要影响因素。

2.渗透指数 C_k 影响因素分析

从图 8.10(a)中可以看出，渗透指数 C_k 与烧失量 w_i 有一定的相关性，这与针对北海道泥炭土[29]进行的实验结果规律一致。从图 8.10(b)中可以看出 C_k 有随残余纤维含量 w_f 增大而增大的趋势，因本次实验土样数量有限且现有文献中也缺乏相关的报道，C_k 与 w_f 的关系还需补充更多实验数据加以分析。此外，图 8.10(c)显示 C_k 与土的初始含水率 w_0 有较好的相关性，然而这并不能说明 C_k 受 w_0 的影响。实际上，渗透指数 C_k 由其土性决定。对于非有机质黏性土，Babu 等[171]认为，原状土的 C_k 不仅受液限孔隙比 e_L 的影响，还与其初始应力状态、粒团间的胶结作用等初始条件有关，而原位状态下的初始孔隙比 e_0 则可以用来表征上述初始条件的影响。而当泥炭土土样处在饱和状态时，w_0 又和 e_0 相关。故此，用简单易得的指标 w_0 来预测相对难测的渗透指数 C_k 的方法具有工程实际意义。

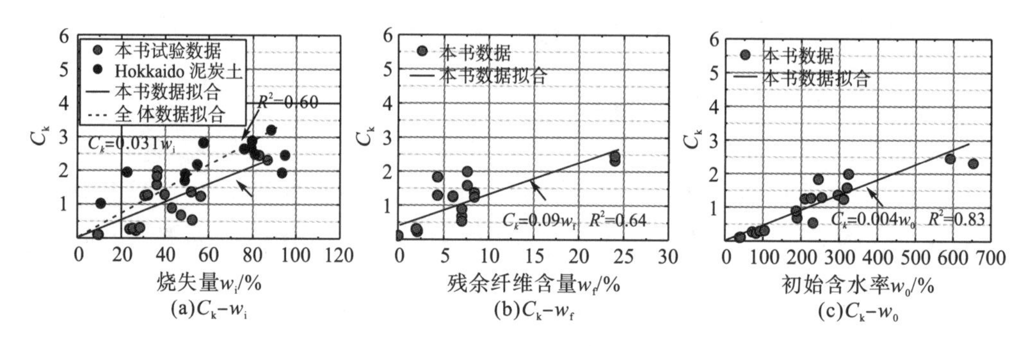

图 8.10 渗透指数 C_k 与烧失量 w_i、残余纤维含量 w_f 及初始含水率 w_0 的关系

8.5 泥炭土渗透特性机理分析

水通过土颗粒之间的孔隙流动，土体可被水透过的性质称为土的渗透性。故此，渗透性和土中孔隙数量及孔隙连通性密切相关，往往孔隙连通性是决定性因素。如图 8.8 中所示，钠基蒙脱石虽然具有大于纤维泥炭土的初始孔隙比，但因为其颗粒细小，巨大的比表面积使得其结合水丰富，导致颗粒间的排水通道极小，渗透系数小于 10^{-9}m/s[2]。故此，从探讨土中孔隙特征以及压缩过程中孔隙变化规律入手，分析泥炭土的渗透特性机理。

富含有机质是泥炭土工程性质区别于普通黏性土的主要原因，沉积物质分解程度决定了泥炭土有机质组分，从而影响了其渗透特性。低分解度的纤维泥炭土中矿物质土颗粒较少(灰分含量小)，土中常常包含长的茎秆、叶片、细根及大量未分解的植物纤维等，形成架空多孔结构，孔隙大小不一，分解度愈低，则结构愈疏松[2, 92]。图 8.11 为 James Bay 纤维泥炭土竖直方向、水平方向和在 200kPa 压力下固结后的微观图片，从中可以清晰地看出自然状态下其中的架空多孔结构，孔径可达数百微米以上[2]。

高分解度泥炭土有机质主要为腐殖质，残余纤维含量较低。土壤中的腐殖质绝大多数是结合态腐殖质，即与土壤无机组分，尤其是黏粒矿物和阳离子紧密结合，以有机-无机复合体的方式存在；通常 52%～98%的土壤有机质集中在黏粒部分；腐殖质由于具有较大的比表面积和亲水基团，使得腐殖质-黏粒团聚体具有松软、多孔、絮状的特性[33]。蒋忠信[57]项目组对滇池地区泥炭土做了大量微观结构研究，发现土中的孔隙按大小和存在形式可分为：团聚体间的架空大孔隙，直径一般大于 10μm；微团聚体、团聚体、有机质内的微孔隙，孔径一般为 1～5μm；植物体中的孔隙，大小不一。图 8.12 为场地一泥炭土典型电镜扫描照片，从中可清楚地观测到这几种类型孔隙的存在。

(a)竖直方向　(b)水平方向　(c)竖直方向(σ_v'=200kPa)

图 8.11　纤维泥炭土微观孔隙扫描电镜图[2]

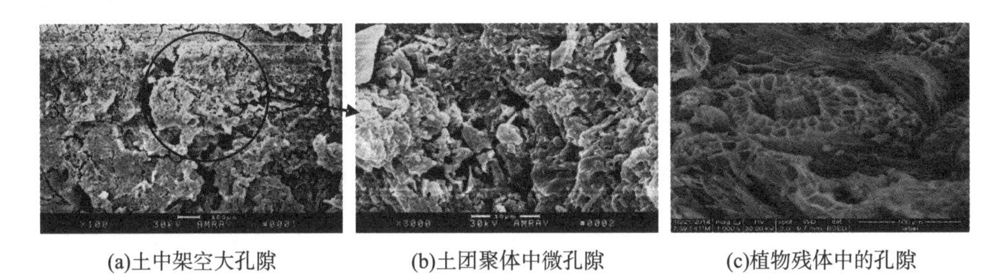

(a)土中架空大孔隙　(b)土团聚体中微孔隙　(c)植物残体中的孔隙

图 8.12　高原湖相泥炭质土微观结构电镜扫描图

将图 8.11、图 8.12 中纤维泥炭土和高分解度泥炭土的孔隙特征进行对比分析，可以直观地看出，天然状态下，纤维泥炭土中孔隙数量多、孔径大、连通性好，更有利于水的渗透，这导致了其初始渗透性高于高分解度泥炭土。在一维渗压过程中，纤维泥炭土多以纤维形成的架空多孔结构为主要的排水通道，因其具有连通性好的特点，要使有效排水路径堵塞，必然需要压缩更大的空间，也即引起单位渗透系数下降需要压缩更多孔隙，导致纤维泥炭土渗透指数 C_k 较大。而高分解度泥炭土中孔隙的连通性相对较差，单位孔隙减少量所导致的排水通道堵塞效果更加显著，以上可能是纤维泥炭土的 C_k 通常大于高分解度泥炭土的原因。

此外，高原湖相泥炭土中包含不同类型孔隙导致了其渗透系数和固结压力关系具有显著的非线性。在固结应力作用下，大约当超过 12.5kPa 后，高原湖相泥炭土的架空大孔隙先被大量压密，使得土中主要排水通道堵塞，导致渗透系数急剧下降；大约当 σ_v' ＞100kPa 后，随着固结应力的增大，孔隙比仍有较大幅度的下降，但该阶段被压密的多数是土团聚体中的微孔隙及少量残余大孔隙，这些孔隙多属于不连通的无效孔隙，不会引起渗透系数的显著下降。以上是导致渗透系数和固结压力关系具有显著非线性的原因，也是图 8.5 中高原湖相泥炭土 k_v-lg σ_v' 曲线和 e-lg σ_v' 曲线表现出不同形态的原因。

8.6 本 章 小 结

本章采用固结-渗透联合实验对高原湖相泥炭土天然状态及一维压缩过程中渗透系数进行了测定，并分析了加载时长、应力水平以及烧失量、残余纤维含量等因素对其渗透性的影响，得出如下结论。

(1) 分别加载条件下，高原湖相泥炭土的渗透系数 k_v 随加载时长 T 增大而减小并趋于稳定，稳定时间大致在 10d 左右；σ_v' 越大，k_v 随时间的变化幅度越小。

(2) 高原湖相泥炭土的渗透系数 k_v 随固结应力 σ_v' 的增大呈非线性减小，k_v-lg σ_v' 曲线呈现反“S”形。

(3) 压缩过程中高原湖相泥炭土的孔隙比 e 与渗透系数 k_v 的关系可用 e-lgk_v 模型表示，其渗透指数 C_k 与初始孔隙比 e_0 的关系满足式 C_k=0.25e_0。

(4) 高原湖相泥炭土的渗透性介于非有机质黏土和纯净砂之间；从天然状态至压缩状态，其渗透系数变化范围小于纤维泥炭土，且渗透指数 C_k 大都小于纤维泥炭土。

(5) 高原湖相泥炭土初始渗透系数 k_{v0} 和烧失量 w_i、纤维含量 w_f 及初始孔隙比 e_0 关系较为离散，渗透指数 C_k 和 w_i、w_f 及初始含水率 w_0 有一定的正相关性。

(6) 机理分析表明，有机质分解度的不同导致了纤维泥炭土和高分解度泥炭土中孔隙特征不同，从而使两者的渗透特性存在较大差异。

第九章　斯里兰卡高速公路项目泥炭土地基处理

9.1　工 程 概 况

斯里兰卡科伦坡-卡图纳亚克高速公路工程（简称“CKE 工程”）是连接斯里兰卡首都科伦坡和西部省卡图纳亚克国际机场的高速公路，被誉为斯里兰卡“国门第一路”（施工总平面图见图 9.1）。它是按照中国标准及规范进行设计、采购、交工验收模式建造的第一条斯里兰卡高等级高速公路。工程于 2009 年 8 月 18 日开工，2013 年 9 月 30 日通过业主竣工验收。工程总造价 3.5217 亿美元，线路全长 25.8km，连接线 4.8km，路面宽 26m，双向 4 车道，局部双向 6 车道，设计时速 100km。设互通区 4 处，桥梁 39 座，涵洞 108 道，收费服务站 3 处，海砂路基填筑 $450\times10^4m^3$，软基处理碎石桩/(砂桩) 150×10^4m，二次超载预压 $126\times10^4m^3$，混凝土 $22\times10^4m^3$，沥青混凝土 30×10^4t，植树 3.5 万棵，声屏障 2.83km。

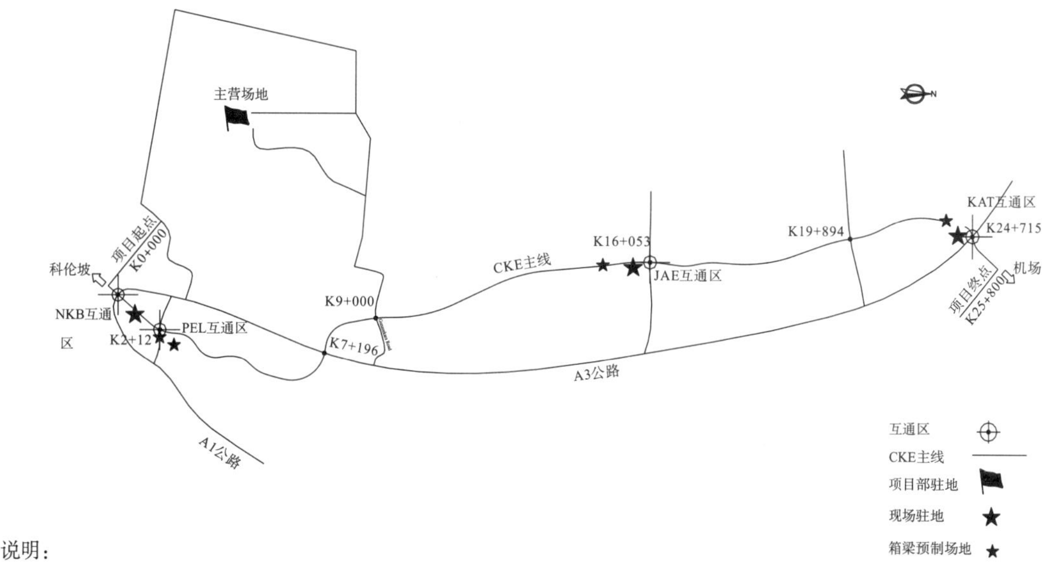

说明：

(1)CKE高速公路在科伦坡端和现有的NKB大桥衔接，在KAT立交和机场引道连接，CKE路线位于A3公路西侧，基本与A3公路平行，全长25.8km。路线设计标准为双向四车道高速公路，路基宽26m，其中，NKB互通与PEL互通之间路段为双向六车道，路基宽33.5m，设计行车速度除前后段为80km/h外，主要路段均采用100km/h标准。路线经过地段基本处沼泽洼地上，软基处理量较大。全线设计工程量主要有：互通式立交4座，桥梁38座，通道6道，天桥7座，涵洞71道。路线立交位置设置照明系统，沿线设主线收费站两处，立交收费站两处。CKE主线与A3公路共有三次交会，分别在K0+390、K7+196、K24+715处。

(2)本项目主营场地位于CKE主线及A3公路西侧，从A3公路Gunasekara Road路口至CKE里程桩K9+000处即可进入营地区域，营地距离K9+000处约1.2km，距离A3公路最近约1.9km。主营场地占地约$8\times10^4m^2$，场地内将设置生活及办公区、砼搅拌站、稳拌站、沥青拌和站、碎石破碎站、矿粉粉磨站、海砂筛分线、预制构件厂及海砂备料堆场等。

图 9.1　施工总平面布置

9.2 工程与水文地质条件

9.2.1 地形地貌

拟建道路区域的地形以沼泽地为主，起初线路所经过的大部分沼泽地被水淹没。地面标高在海平面附近(略高于海平面或略低于海平面)，一般为-0.4～0.4m，工程区的地貌可归类为沿海冲积平原、河流阶地和海岸阶地(图 9.2)。

图 9.2 工程区地形地貌

9.2.2 地层结构特征

本项目路线通过路段属于泥沼和湖相沉积地段。泥炭层一般 8～10m，最大厚度 12.0m，硬壳层 0～6.0m，其中前 8.0km 泥炭层比较集中，地质条件相对较差。全线地层分类大致如下。

1.泥炭和泥炭质土(Pt)

厚度为 4～8m，最大厚度 10m，是主要的软土层；灰褐、黑褐色，软塑状，有机质含量 10%～56%；天然含水量 44%～329%，最大含水量 495%，天然重度 10.9～17.6kN/m^3，孔隙比 1.0～7.0；固结系数 0.1～0.5cm^2/s，压缩模量 1.07MPa^{-1}，标贯击数 $N_{63.5}$=0～2 击。

2.高液限淤泥质黏土(OH)

厚度为 2～5m，也属于软土层；灰褐、黑褐色，软塑状，天然含水量 40%～100%，天然重度 14.0～19.0kN/m^3，孔隙比 1.0～2.0，固结系数 1.0～1.1cm^2/s，平均值为 0.5cm^2/s，标贯击数 $N_{63.5}$=3～6 击。

3.低液限黏土(CL)

厚度为 2～5m，该层分布在硬壳层或夹层中，浅褐、杂色，软塑状，天然含水量 30%～70%，天然重度 15.0～20.0kN/m^3。孔隙比 0.8～1.2，固结系数 3.0cm^2/s，标贯击数 $N_{63.5}$=7～20 击。

4.粉质岩、黏土质岩(SM、SC)

该层一般分布在地表面；浅褐、黄褐色，天然含水量 15%～20%，天然重度 18.0～20.5kN/m^3，孔隙比 0.5～0.8，固结系数 8.0cm^2/s，标贯击数 $N_{63.5}$=6～30 击。

5.级配良好砾、砾质砂(GW、SW)

灰色，软塑状，天然含水量15%～20%，天然重度19.0～21.0kN/m^3，孔隙比0.5～0.8，固结系数10cm^2/s，标贯击数$N_{63.5}$=10～30击。

6.无机粉土(MHO)

浅褐、黄褐色，软塑-硬塑状；标贯击数$N_{63.5}$=2～20击。

7.无机粉土(MHO)

标贯击数$N_{63.5}$＞50击。

9.2.3　气象与水文特征

1.气象

斯里兰卡位于南亚地区，属热带气候特征，西南季风为全年主导风向。本区内雨量充沛，热带季风伴有明显的季节性的降雨规律，在科伦坡及周边地区年平均降雨量在2400mm左右，西南季风在5～7月带来近50%的降雨，第二个雨季在10月、11月，全年下雨天数150天左右。11月后至第二年4月为干旱季节。全年平均气温为28℃，多年平均最低气温18℃，最高32℃。

2.水文

1)地表水

自南向北线路依次通过Kelani、Kalu Oya、Ja-Ela、Dandugam Oya几条河道及Negombo Lagoon潟湖区。

2)地下水

沼泽地带的地下水位，一般非常接近现有的地面标高甚至在现有的地面标高之上。填土地区地下水位为3～7m。潟湖区地下水0.5～1m。地下水为潜水及基岩裂隙中的承压水，潜水补给来源于大气降水的垂直渗入，排泄以蒸发为主，承压水的补给来源主要为场地东部高地地下水径流补给。地下水变幅不大，潮汐影响不大。

3)水的腐蚀性

根据已取水样分析结果：K1+950地下水、Negombo Lagoon潟湖区地面及地下水、Dandugam Oya河地下水等具有强腐蚀性；K0～K1、K4～K5、Dandugam Oya、Ja-Ela河河水具弱腐蚀性；其他地区无腐蚀性。地下水的腐蚀性状况与地表水相同。

9.3　泥炭土地基处理

9.3.1　软基处理概述

本项目软土地基路基填筑分两个阶段进行。第一阶段，进行软土地基加固处理。第二阶段，在经过加固处理后的软土地基上进行路基预压填筑施工。根据原地面以下软土分布及层厚度，分别采用塑料排水板、砂桩、碎石桩、预制方桩四种方式配合砂垫层、透水土工布、土工格栅和堆载预压相结合的施工工艺进行处理。

在整个项目软基处理的施工组织安排上，应优先安排桥头、涵洞、通道路基段和预压填筑施工，以保证 6 个月路基填筑施工期后涵洞、通道工程施工有足够的沉降期。

软土路基施工中，由于路基堆载预压后，会加速软基竖向排水固结速度，路基会有加速沉降趋势，影响路基的稳定。因此，路基加载预压填筑的速度应采用测量监控的方法控制，采用沉降量和侧向位移量是否满足设计及规范要求作为填筑路基稳定的控制标准。

9.3.2 塑料排水板软基处理

1.概况

塑料排水板应采用高压聚乙烯，滤膜为涤纶无纺土工布，渗透系数 5×10^{-4}cm/s，采用插板机施工。本合同工程共计采用的塑料排水板总长 77.65×10^{4}m，其规格为150mm×4(4.5)mm，打设深度 8.0～17.5m，间距为 1.1～1.4m，大部分地段设为 1.3m，处理路段顶面覆盖砂垫层 40cm+60cm，排水板在平面上以梅花形布置，范围至路基坡脚外1m。砂垫层铺设透水土工布，垫层上铺设土工格栅。

塑料排水板应满足技术规范要求，施工前，应按技术规范要求进行实验桩基实验，实验结果经咨询方工程师审批同意后，方能使用。

2.塑料排水板软基处理施工工艺流程

塑料排水板软基处理施工工艺流程详见图 9.3。

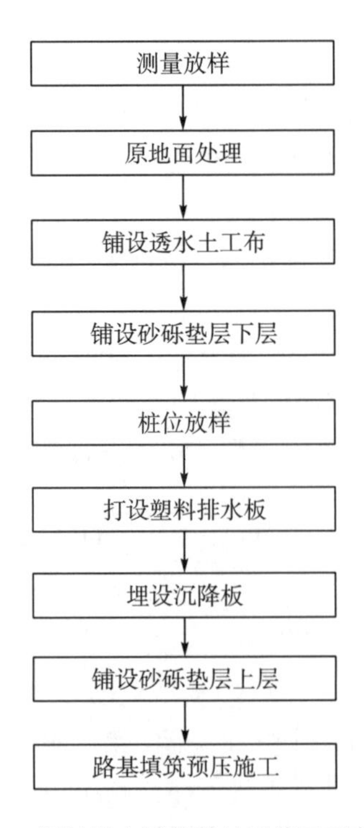

图 9.3 塑料排水板软基处理施工工艺流程

9.3.3 砂(碎石)桩软基处理

1.概况

本工程采用挤密砂(碎石)桩，总长共计分别为 109.7×10^4m 和 84.3×10^4m，单桩长度为 6.5～17.5m 和 6.0～14.7m，设计桩径 0.5m(0.7m)，桩间距 1.3～1.5m(1.6～1.8m)，桩长由沉降及稳定计算的结果确定，原则上全部穿透软土层，并进入持力层不小于 0.5m，在平面上根据需要呈三角形布置(布置区域边线与构造物基础轮廓线平行)。布置范围至路基坡脚外或锥坡坡脚外，并增加 1 排桩。处理路段顶面覆盖砂垫层 40cm+60cm。砂垫层底部铺设透水土工布，两垫层之间铺设土工格栅。

2.挤密砂桩(碎石桩)施工工艺

砂(碎石)桩软基处理施工工艺流程详见图 9.4。

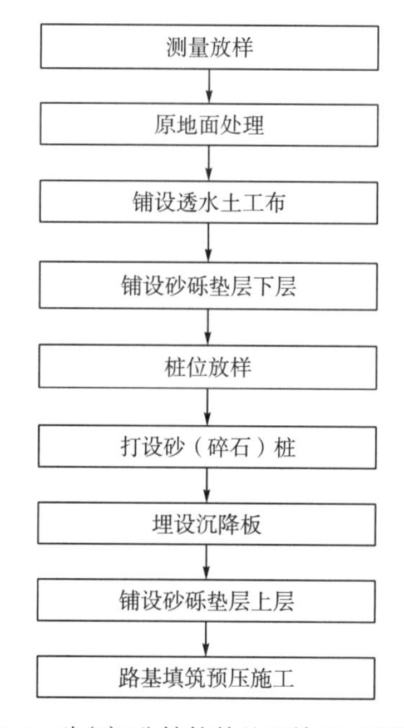

图 9.4 砂(碎石)桩软基处理施工工艺流程

9.3.4 预制方桩软基处理

1.概况

本项目共有预制方桩软基处理量 64.13×10^4m，设计桩长为 10.5～19.8m。预制方桩由桩基、桩尖和桩帽三部分组成，桩身采用 35cm×35cm，桩帽用 C30 混凝土浇筑，正方形桩帽尺寸采用 130cm×130cm×35cm(150cm×150cm×35cm)。桩身和桩尖预先在工厂按一定的规格制备好，桩帽也配有钢筋，一般在工地现场用 C30 混凝土浇筑。预制方桩在平面上采用正方形布设，桩间距根据各路段计算情况确定，一般为 2.0～2.5m，个别困难路段取至 1.6m。桩的长度由沉降及稳定计算的结果确定，原则上全部穿透软土层，并打入持力层不小于 0.5m。施工时，采用柴油(振动)打桩机把桩打入地基。

2.预制方桩软基处理施工工艺流程

预制方桩软基处理施工工艺流程见图9.5。

图9.5 预制方桩软基处理施工工艺流程

9.4 预压沉降位移监测

本工程经采用预压、塑料排水板、砂桩、碎石桩、预制方桩软基加固处理后填筑的路基必须再经过6个月左右的路基预压沉降期的预压，待完成路基沉降并趋向稳定后，才能进行路面工程的施工，所以在组织路基工程施工过程中，必须保证施工的路基有足够的预压沉降时间，在其预压沉降期内必须同时完成对路基处理预压沉降及位移观测与控制。

沉降观测采用精密水平仪，测量精度应符合国家二等标准要求。稳定监测使用仪器为红外线测距仪或J1、J2经纬仪。水平位移观测频率和测定时间与沉降观测同步进行。

1.预压方式

本工程因路基大量采用海砂填筑，海砂均由供货代理统一供给，成本较高。故设计只考虑采用欠载预压方式完成，不考虑路面层荷载的影响，预压控制标高为路基填筑顶面标高，为路槽底标高。

2.沉降和稳定观测

1）观测点位的布设原则

软土厚度大于5.0m、路堤高度大于4.0m，以及软土横向有倾斜的软土路段，纵向每

50m 设置一个观测断面，在路堤中心及两侧路肩布设 3 个观测点；一般路段纵向每 100m 布设一个观测断面，仅在路堤中心布设一个观测点；在跨越超过 30m 的桩基结构物的两端各设一观测断面，跨度小于 30m 时仅在一端设置。

每一沉降观测点完成后应立即进行原始数据的收集工作，应测量保存原始高程、平面位置资料，建立观测资料档案备存。

2）观测频率

施工期：路堤填高达到预压高度之前，每填 1 层填料需观测一次，因故停止施工，每 3 天观测一次。

预压期间：第 1 个月每 3 天观测一次，第 2 个月至第 3 个月每 7 天观测一次，从第 4 个月起每半个月观测一次，直到铺筑路面前。

3）临时水准点的设置

临时水准点应设在不受垂直向和水平向变形影响的坚固的地基上或永久建筑物上，其位置应尽量满足观测时不转点的要求，每 3 个月用路线测设中设置的水准点作为基准点，对设置的临时水准点校核一次。

4）侧向位移（稳定）观测

（1）侧向位移点布设在软土层厚度大于 3.0m，路堤高度超过极限填土高度的路堤两侧的坡脚处，基桩必须布设在坡脚外路堤沉降影响范围之外。侧向位移点纵向间距每 50m 路基两侧各设置一处。

（2）观测及其频率。侧向位移桩和基桩设置好以后，采用钢尺量测位移桩与基桩之间的距离，量测钢尺的拉力为 5kg（或由量测人自定），有条件时也可用红外测距仪量测。观测工作在路堤填高超过 3m 时开始，其频率为每上一层填料观测一次，直到铺筑路面前。

（3）不稳定状态的判断标准。路堤在填筑过程中，若中心日沉降量达到 1.0cm，或日侧向位移量达到 0.5cm 以及边部日沉降量大于中心沉降量时，标志着不稳定状态的出现，应立即停止加载，并和现场技术人员及设计单位联系，根据实际情况做出相应调整。

（4）卸载及路面铺筑时间的确定。路面铺筑必须待沉降稳定后进行，采用双标准控制；既要求推算的工后沉降量小于设计容许值，同时要求连续 2 个月观测的沉降量每月均不超过 5mm，方可卸载并开始路面填筑。

9.5　典型断面地基处理效果

工程里程桩号 K6+637.89～K6+660.03 段采用碎石桩和堆载预压方式进行处理，碎石桩桩径 ϕ500mm，桩间距 1300mm，梅花形布置（见平面布置图 9.6）。

该段路基处理采用的碎石桩桩长约 9.0m，桩顶标高 1.0m，桩底标高约 10.0m；回填路堤土层厚约 4.0m，堆载预压土层厚度约 2.0m，回填路堤土层和堆载预压土层间布设一层土工布（图 9.7）。

图 9.8 为 K6+650 段施工期间垂直沉降数据，由图可知，当到达预压填方高度（6.272m）时，路基两侧的沉降量达到 1000～1100mm，路中沉降约 500mm，这之间的差异由路两侧

位置以下泥炭土土体的水平位移导致，路中以下土体由于侧限作用，沉降量相对较小。历经 9 个月堆载过程，沉降量增大了 100～200mm，并基本趋于稳定。

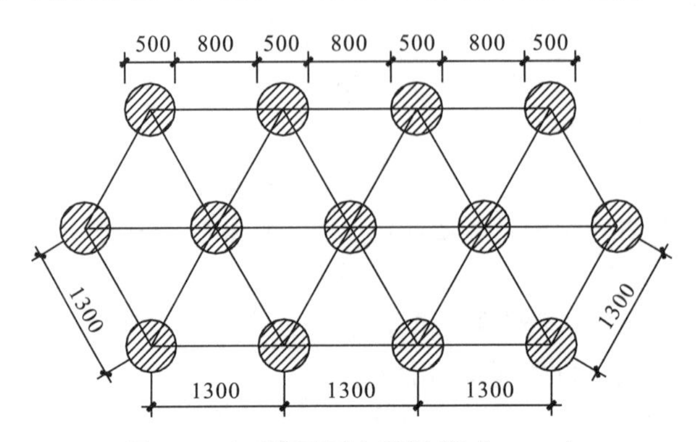

图 9.6 碎石桩平面布置图(单位：mm)

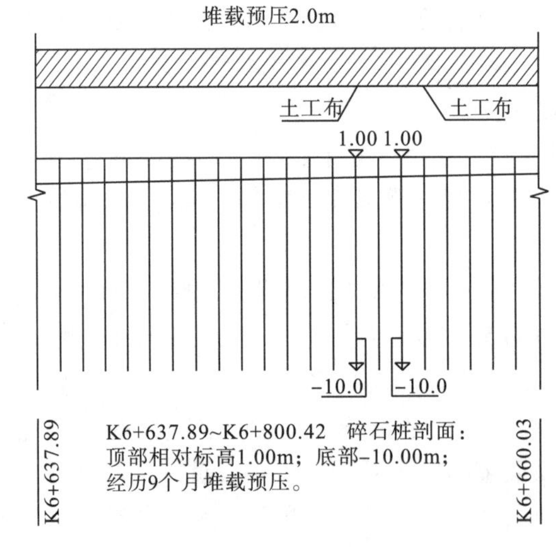

图 9.7 碎石桩-堆载预压处理段剖面图

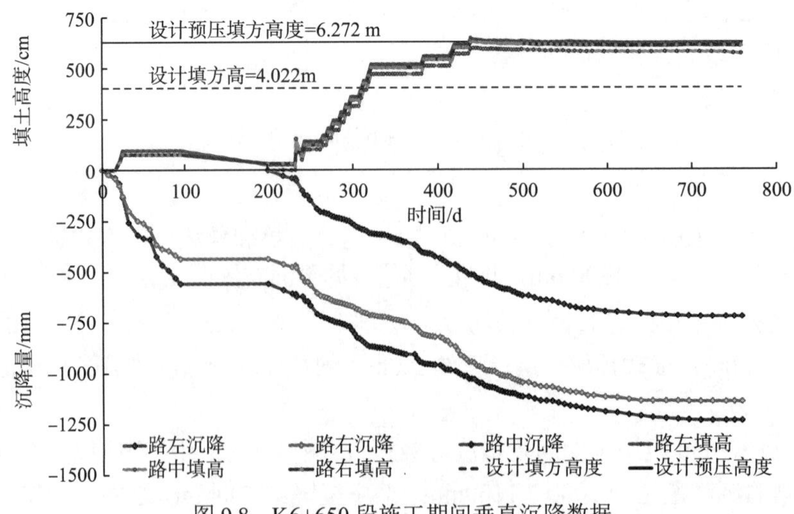

图 9.8 K6+650 段施工期间垂直沉降数据

参考文献

[1] Muhamad I S, Seca G, Osumanu H A, et al. Comparison of selected chemical properties of peat swamp soil before and after timber harvesting[J]. American Journal of Environmental Sciences, 2010, 6(2): 164-167.

[2] Mesri G, Ajlouni M. Engineering properties of fibrous peats[J]. Journal of Geotechnical and Geoenvironmental Engineering, 2007, 133(7): 850-866.

[3] ASTM. Standard test method for laboratory determination of the fiber content of peat samples by dry mass: D1997-13 [S/OL]. 1997. http: //www. doc88. com/p-5397841752814. html.

[4] ASTM. Standard test methods for moisture, ash, and organic matter of peat and other organic soils: D2974-14[S/OL]. 2014. https: //www. docin. com/p-1516175748. html.

[5] ASTM. Standard test method for ph of peat materials: D2976-15[S/OL]. 2015. https: //www. doc88. com/p-8798938858041. html.

[6] Von Post L. Sveriges Geologiska Undersöknings torvinventering och några av dess hittills vunna resultat[J]. Sv Mosskulturför Tidskr, 1922, 1: 1-27.

[7] Kazemian S, Prasad A, Huat B B K, et al. A state of art review of peat: geotechnical engineering perspective[J]. International Journal of Physical Sciences, 2011, 6(8): 1974-1981.

[8] 柴岫. 中国泥炭的形成与分布规律的初步探讨[J]. 地理学报, 1981, 48(3): 237-253.

[9] 李季, 候蜀光, 张铭兴. 云南泥炭的形成条件、分布规律及类型划分[J]. 云南地质, 1988, 7(4): 352-364.

[10] Ajlouni M A. Geotechnical properties of peat and related engineering problems[D]. Illinois: University of Illinois at Urbana-Champaign, 2000.

[11] Huat B K. Organic and Peat Soils Engineering[M]. Serdang, Malaysia: University Putra Malaysia Press, 2004.

[12] Hanrahan E T. An investigation of some physical properties of peat [J]. Geotechnique, 1954, (4): 108-123.

[13] Lea N D, Brawner C O. Highway design and construction over peat deposits in the lower British Colombia[J]. Highway Research Record, 1963, (7): 1-31.

[14] Hobbs N B. Mire morphology and the properties and behaviour of some British and foreign peats [J]. Quarterly Journal of Engineering Geology and Hydrogeology, 1986, 19(1): 7-80.

[15] Oades J M. An introduction to organic matter in minerals soils[J]. Minerals in Soil Environments, 1989: 89-160.

[16] 谷任国, 房营光. 有机质和黏土矿物对软土流变性质影响的对比试验研究[J]. 华南理工大学学报(自然科学版), 2008, 36(10): 31-37.

[17] 唐大雄, 刘佑荣, 张文殊. 工程岩土学[M]. 2 版. 北京: 地质出版社, 1998.

[18] 刘飞, 陈俊松, 柏双友, 等. 高有机质软土固结特性与机制分析[J]. 岩土力学, 2013, 34(12): 3453-3458.

[19] Hemond H F, Goldman J C. On non-darcian water flow in peat[J]. Journal of Ecology, 1985, 73(2): 579-584.

[20] Ingram H A P, Rycroft D W, Williams D J A. Anomalous transmission of water through certain peats[J]. Journal of Hydrology, 1974, 22(3): 213-218.

[21] Rycroft D W, Williams D J A, Ingram H A P. The transmission of water through peat: I. Review[J]. The Journal of Ecology,

1975: 535-556.

[22] Romanov V V V V. Hydrophysics of bogs[R]. Israel Program for Scientific Translations, 1968.

[23] Chason D B, Siegel D I. Hydraulic conductivity and related physical properties of peat, Lost River Peatland, Northern Minnesota[J]. Soil Science, 1986, 142(2): 91-99.

[24] Boelter D H. Physical properties of peats as related to degree of deompositon[J]. Soil Science Society of America Journal, 1969, 33(4): 606.

[25] Weaver H A, Speir W H. Applying basic soil water data to water control problems in Everglades peaty muck (ARS 41-40) [R]. Soil and Water Conservation Research Division, Agricultural Research Service, US Dept. of Agriculture, Ft. Lauderdale, Fla, 1960.

[26] Boelter D H. Hydraulic conductivity of peats[J]. Soil Science, 1965, 100(4): 227-231.

[27] O'Kelly B C. Compressibility and permeability anisotropy of some peaty soils[C]. Proceedings of the 60th Canadian Geotechnical Conference, Ottawa, 2007, Canadian Geotechnical Society.

[28] Lefebvre G, Langlois P, Lupien C. Laboratory testing and in situ behaviour of peat as embankment foundation[J]. Canadian Geotechnical Journal, 1984, 21(2): 322-337.

[29] Hayashi H, Mitachi T, Nishimoto S. Evaluation on permeability of peat using in-situ permeability test and oedometer test[J]. Journal of Geotechnical Engineering, 2005: 495-504.

[30] 徐燕. 季冻区草炭土工程地质特性及变形沉降研究[D]. 长春: 吉林大学, 2008.

[31] 张扬. 昆明盆地泥炭土渗透变形特征及变形本构模型研究[D]. 昆明: 昆明理工大学, 2011.

[32] 李广信. 高等土力学[M]. 北京: 清华大学出版社, 2002.

[33] 黄昌勇, 徐建明. 土壤学[M]. 3 版. 北京: 中国农业出版社, 2010.

[34] 陈怀满. 环境土壤学[M]. 北京: 科学出版社, 2010.

[35] Landva A O, Pheeney P E. Peat fabric and structure[J]. Canadian Geotechnical Journal, 1980, 17(3): 416-435.

[36] Fox P J, Edil T B. Effects of stress and temperature on secondary compression of peat[J]. Canadian Geotechnical Journal, 1996, 33(3): 405-415.

[37] 张坤勇, 殷宗泽, 梅国雄. 土体各向异性研究进展[J]. 岩土力学, 2004, 25(9): 1503-1509.

[38] Yamaguchi H, Ohira Y, Kogure K. Volume change characteristics of undisturbed fibrous peat [J]. Soils and Foundations, 1985, 25(2): 119-134.

[39] Railway Investigation Report R04Q0040, TU3-6/04-2E[R]. Transportation Safety Board of Canada, 2008.

[40] Hendry M T. The geomechanical behaviour of peat foundations below rail-track structures[D]. Saskatoon: University of Saskatchewan, 2011.

[41] Hendry M T, Sharma J S, Martin C D, et al. Effect of fibre content and structure on anisotropic elastic stiffness and shear strength of peat [J]. Canadian Geotechnical Journal, 2012, 49(4): 403-415.

[42] Dhowian A W, Edil T B. Consolidation behavior of peats[J]. Geotechnical Testing Journal, 1980, 3(3): 105-114.

[43] Paikowsky S, Elsayed A, Kurup P U. Engineering properties of Cranberry bog peat[C]//Proceedings of the 2nd International Conference on Advances in Soft Soil Engineering and Technology, Putrajaya, Malaysia. 2003: 157-171.

[44] Elsayed A, Paikowsky S, Kurup P. Characteristics and engineering properties of peaty soil underlying cranberry bogs[C]//Geo-Frontiers 2011: Advances in Geotechnical Engineering. 2011: 2812-2821.

[45] O'Kelly B C. Compression and consolidation anisotropy of some soft soils[J]. Geotechnical and Geological Engineering, 2006,

24(6): 1715-1728.

[46] 汪之凡, 佴磊, 吕岩, 等. 草炭土的分解度和有机质含量对其渗透性的影响研究[J]. 路基工程, 2017, (1): 18-21.

[47] Zwanenburg C. The Influence of Anisotropy on the Consolidation Behaviour of Peat[M]. Netherlands: Delft University Press, 2005.

[48] Gofar N. Determination of coefficient of rate of horizontal consolidation of peat soil[D]. Malaysia: University Teknologi Malaysia, 2006.

[49] Malinowska E E, Szymański A. Alojzy S. Vertical and horizontal permeability measurements in organic soils[J]. Annals of Warsaw University of Life Sciences, 2015, 47(2): 153-161.

[50] Farrell E R, Hebib S. The determination of the geotechnical parameters of organic soils[C]//Proceedings of International Symposium on Problematic Soils, 1998.

[51] Hebib S. Experimental investigation on the stabilisation of Irish peat[D]. Dublin, Ireland: University of Dublin, Trinity College, 2001.

[52] Landva A O, La Rochelle P. Compressibility and shear characteristics of Radforth peats[S]. West Conshohocken: 1983.

[53] Long M. Review of peat strength, peat characterisation and constitutive modelling of peat with reference to landslides[J]. Studia Geotechnica et Mechanica, 2005, 27(3-4): 67-90.

[54] Andersland O B, Khattak A S, Al-Khafaji A W N. Effect of organic material on soil shear strength[J]. Journal of Geotechnical and Geoenvironmental Engineering, 1981, 102(7): 174-188.

[55] Hendry M T, Barbour S L, Martin C D. Effect of fiber reinforcement on the anisotropic undrained stiffness and strength of peat[J]. Journal of Geotechnical & Geoenvironmental Engineering, 2014, 140(9): 194-198.

[56] O'Kelly B C, Zhang L. Consolidated-drained triaxial compression testing of peat[J]. Geotechnical Testing Journal, 2013, 36(3): 310-321.

[57] 蒋忠信. 滇池泥炭土[M]. 成都: 西南交通大学出版社, 1994.

[58] Samson L. Design and performance of an expressway constructed over peat by preloading[J]. Canadian Geotechnical Journal, 1972, 9(4): 447-466.

[59] 谢俊文. 泥炭的工程地质特性[J]. 工程勘察, 1981(5): 31-34.

[60] 昆明信息港. 昆明会展东路地面开裂事件追踪: 8 月底将再施工[EB/OL]. http: //www. sohu. com/a/23147501_115092.

[61] 黄俊. 西南地区泥炭土地基加固技术[C]//第八届全国地基处理学术讨论会, 中国土木工程学会, 2004.

[62] 王丹微, 王清, 陈剑平. 滇池盆地泥炭土分布规律及工程地质特性研究[C]//第二届全国岩土与工程学术大会, 2006.

[63] Kolay P K, Aminur M R, Taib S N L, et al. Correlation between different physical and engineering properties of tropical peat soils from Sarawak[J]. Geotechnical Special Publication, 2010(200): 56-61.

[64] Huat B B K, Kazemian S, Prasad A, et al. State of an art review of peat: General perspective[J]. International Journal of the Physical Sciences, 2011, 6(8): 1988-1996.

[65] Pichan S, Kelly B C O. Effect of decomposition on the compressibility of fibrous peat[J]. Geotechnical Special Publication, 8(4): 4329-4338.

[66] 桂跃, 付坚, 吴承坤, 等. 高原湖相泥炭土渗透特性研究及机制分析[J]. 岩土力学, 2016, 37(11): 3197-3207.

[67] ASTM. Standard classification of peat samples by laboratory testing: D4427-13[S/OL]. 2013. http: //www. doc88. com/p-3397615817526. html.

[68] 黄俊. 南昆线七甸泥炭土的工程岩土学特征[J]. 路基工程, 1999, (6): 6-12.

[69] Den Haan E J, El Amir L S F. A simple formula for final settlement of surface loads on peat[C]//Advances in Understanding and Modelling the Mechanical Behaviour of Peat, 1994.

[70] Duraisamy Y, Huat B B K, Muniandy R. Compressibility behavior of fibrous peat reinforced with cement columns[J]. Geotechnical & Geological Engineering, 2009, 27(5): 619-629.

[71] 吕岩, 佴磊, 徐燕, 等. 有机质对草炭土物理力学性质影响的机理分析[J]. 岩土工程学报, 2011, 33(4): 655.

[72] Skempton A W, Petley D J. Ignition loss and other properties of peats and clays from Avonmouth, King's Lynn and Cranberry Moss[J]. Géotechnique, 1970, 20(4): 343-356.

[73] Boelter D H. Important physical properties of peat materials[C]// Proceedings, third internationalpeat congress; 1968 August 18-23; Quebec, Canada. [Place of publication unknown]: Department of Engery, Minds and Resources and National Research Council of Canada: 150-154. 1968.

[74] Duncan J. Limitations of conventional analysis of consolidation settlement[J]. Journal of Geotechnical Engineering, ASCE, 1993, 119(9): 1333-1359.

[75] Olson R. Settlement of embankment on soft clays[J]. Journal of Geotechnical And Geoenvironmental Engineering, ASCE, 1998, 124(4): 278-288.

[76] 吴雪婷. 温州浅滩淤泥固结系数与固结应力关系研究[J]. 岩土力学, 2013, 34(6): 1675-1679.

[77] 张长生, 高明显, 强小俊. 深圳后海湾海相淤泥固结系数变化规律研究[J]. 岩土工程学报, 2013, 35(S1): 247-252.

[78] 张明, 赵有明, 龚镭, 等. 深圳湾新吹填超软土固结系数的试验研究[J]. 岩石力学与工程学报, 2010, 29(S1): 3157-3161.

[79] 陈波, 孙德安, 吕海波. 海相软土压缩特性的试验研究[J]. 岩土力学, 2013, 34(2): 381-389.

[80] 庄迎春, 刘世明, 谢康和. 萧山软粘土一维固结系数非线性研究[J]. 岩石力学与工程学报, 2005, 24(24): 4565-4569.

[81] 林鹏, 许镇鸿, 徐鹏, 等. 软土压缩过程中固结系数的研究[J]. 岩土力学, 2003, 24(1): 106-112.

[82] 刘伟, 赵福玉, 杨文辉, 等. 安嵩线草海段泥炭质土的特征及性质[J]. 岩土工程学报, 2013, 35(S2): 671-974.

[83] 交通部公路科学研究所. 公路土工试验规程: JTG E40-2007 [S]. 北京: 人民交通出版社, 2007.

[84] Santagata M, Bobet A, Johnston C T, et al. One-dimensional compression behavior of a soil with high organic matter content[J]. Journal of Geotechnical and Geoenvironmental Engineering, 2008, 134(1): 1-13.

[85] Bobet A, Hwang J, Johnston C T, et al. One-dimensional consolidation behavior of cement-treated organic soil[J]. Cananda Geotechnical Journal, 2011(48): 1100-1115.

[86] 沈珠江. 软土工程特性和软土地基设计[J]. 岩土工程学报, 1998, 20(1): 100-111.

[87] 邓永锋, 刘松玉, 季署月. 取样扰动对固结系数的影响研究[J]. 岩土力学, 2007, 28(12): 2687-2690.

[88] 马驯. 固结系数与固结压力关系的统计分析及研究[J]. 港口工程, 1993, (1): 46-53.

[89] Burland J B. On the compressibility and shear strength of natural clays[J]. Geotechnique, 1990, 40(3): 329-378.

[90] Morareskul N N, Bronin V N. Consolidation of peat soils[J]. Soil Mechanics and Foundation Engineering, 1974, 11(1): 55-58.

[91] Mesri G, Stark T D, Ajlouni M A, et al. Secondary compression of peat with or without surcharging[J]. Journal of Geotechnical and Geoenvironmental Engineering, 1997, 123(5): 411-421.

[92] Wong L S, Hashim R, Ali F H. A review on hydraulic conductivity and compressibility of peat[J]. Journal of Applied Sciences, 2009, 9(18): 3207-3218.

[93] Sobhan K, Ali H, Riedy K, et al. Field and laboratory compressibility characteristics of soft organic soils in Florida[C]. Geo-Denver 2007: New peaks in Geotechnics, 2007.

[94] Day R W. Performance of fill that contains organic matter[J]. Journal of Performance of Constructed Facilities, 1994, 8(4):

264-273.

[95] Badv K, Sayadian T. An investigation into the geotechnical characteristics of urmia peat[J]. Transaction of Civil Engineering, 2012, 36(C2): 167-180.

[96] 湖南省水利电力勘测设计院援外组. 建筑在泥炭地基上的试验堤[C]. 湖南省水利水电勘测设计院, 1979.

[97] Badv K, Sayadian T. A natural compression law for soils[J]. Geotechnique, 1979, 29(4): 469-480.

[98] Onitsuka K, Hong Z, Hara Y, et al. Interpretation of oedometer test data for natural clays[J]. Soils and Foundation, 1995, 35(3): 61-70.

[99] Hong Z, Onitsuka K. A method of correcting yield stress and compression index of Ariake clays for sample disturbance[J]. Soils and Foundations, 1998, 38(2): 211-222.

[100] 陈晓平, 周秋娟, 朱鸿鹄, 等. 软土蠕变固结特性研究[J]. 岩土力学, 2007, 28(S1): 1-10.

[101] 张卫兵, 谢永利, 杨晓华. 压实黄土的一维次固结特性研究[J]. 岩土工程学报, 2007, 29(5): 765-768.

[102] 曾玲玲, 洪振舜, 刘宋玉, 等. 重塑黏土次固结性状的变化规律与定量评价[J]. 岩土工程学报, 2012, 34(8): 1496-1500.

[103] Mesri G, Choi Y K. Discussion of "Time effects on the stress-strain behaviours of natural soft clays"[J]. Geotechnique, 1984, 34(3): 439-442.

[104] 吴宏伟, 李青, 刘国彬. 上海黏土一维压缩特性的试验研究[J]. 岩土工程学报, 2011, 33(4): 630-636.

[105] 周秋娟, 陈晓平. 软土蠕变特性试验研究[J]. 岩土工程学报, 2006, 28(5): 626-630.

[106] Nash D F T, Sills G C, Davison L R. One-dimensional consolidation testing of soft clay from bothkennar[J]. Geotechnique, 1992, 42(2): 241-256.

[107] 余湘娟, 殷宗泽, 董卫军. 荷载对软土次固结影响的试验研究[J]. 岩土工程学报, 2007, 29(6): 913-916.

[108] 朱俊高, 冯志刚. 反复荷载作用下软土次固结特性试验研究[J]. 岩土工程学报, 2009, 31(3): 341-345.

[109] Hong Z, Yin J, Cui Y J. Compression behaviour of reconstituted soils at high initial water contents[J]. Geotechnique, 2010, 60(4): 694-700.

[110] Hong Z. Void ratio-suction behavior of remolded Ariake clays[J]. Geotechniacal Testing Journal, 2007, 30(3): 234-239.

[111] E. M. 谢尔盖耶夫. 工程岩土学[M]. 孔德坊, 等译. 北京: 地质出版社, 1990.

[112] Mesri G, Choi Y K. Settlement analysis of embankments on soft clays[J]. Journal of Geotechnical Engineering, 1985, 111(4): 441-464.

[113] Lewis W A. The settlement of the approach embankments to a new road bridge at Lockford[J]. West Suffokl, 1956, 6(3): 106-114.

[114] Berry P L, Vickers B. Consolidation of fibrous peat[J]. Journal of Geotechnical Engineering, 1975, 101(8): 741-753.

[115] Mesri G, Castro A. Ca/Cc concept and K0 during secondary compression[J]. Journal of Getechnical Engineering, 1987, 113(3): 230-247.

[116] Fox P J, Edil T B, Lan L. Ca/Cc concept applied to compression of peat[J]. Journal of Geotechnical Engineering, 1992, 118(5): 1256-1263.

[117] 刘国彬, 侯学渊. 软土的卸荷模量[J]. 岩土工程学报, 1996, 18(6): 18-23.

[118] 李德宁, 楼晓明, 杨敏. 上海地区基坑开挖卸荷土体回弹变形试验研究[J]. 岩土力学, 2011, 32(S2): 244-250.

[119] 周秋娟, 陈晓平. 侧向卸荷条件下软土典型力学特性试验研究[J]. 岩石力学与工程学报, 2009, 28(11): 2215-2221.

[120] 师旭超, 汪稔, 韩阳. 卸荷作用下淤泥变形规律的试验研究[J]. 岩土力学, 2004, 25(8): 1259-1263.

[121] 潘林有, 胡中雄. 深基坑卸荷回弹问题的研究[J]. 岩土工程学报, 2002, 24(1): 101-104.

[122] 师旭超, 韩阳. 卸荷作用下软黏土回弹吸水试验研究[J]. 岩土力学, 2010, 31(3): 732-742.

[123] 常青, 余湘娟, 董卫军. 软土卸荷次回弹变形特性研究[J]. 河海大学学报(自然科学版), 2006, 34(4): 444-446.

[124] 周秋娟. 软土卸荷力学特性及软弱地层中基坑稳定性研究[D]. 广州: 暨南大学, 2009.

[125] Adams J I. The engineering behaviour of a Canadian Muskeg[C]. Proceedings of 6th ICSMFE. 1965, 1: 3-7.

[126] 桂跃, 余志华, 刘海明, 等. 高原湖相泥炭土固结系数变化规律试验研究[J]. 岩石力学与工程学报, 2016, 35(S1): 3259-3267.

[127] 桂跃, 余志华, 刘海明, 等. 高原湖相泥炭土次固结特性及机理分析[J]. 岩土工程学报, 2015, 37(8): 1390-1398.

[128] 陈成, 周正明, 张先伟, 等. 循环荷载作用下昆明泥炭质土不排水动力累积特性试验研究[J]. 岩石力学与工程学报, 2017, 36(5): 1247-1255.

[129] 徐杨青, 顾凤鸣, 武继红. 环梁支撑结构在泥炭土深基坑中的应用研究[J]. 岩土工程学报, 2012, 34(S1): 319-323.

[130] 刘江涛, 杨正东, 孙飞达, 等. 昆明湖相沉积软土区基坑土体抗剪强度分析研究[J]. 岩土工程学报, 2014, 36(S2): 125-129.

[131] 张坤勇, 殷宗泽, 梅国雄. 土体两种各向异性的区别与联系[J]. 岩石力学与工程学报, 2005, 24(9): 1599-1604.

[132] Hanrahan E T, Walsh J A. Investigation of the behaviour of peat under varying conditions of stress and strain[C]//Proc. 6th Int. Conf. on Soil Mechanics and Foundation Engineering, Toronto, 1965. Toronto: University of Toronto Press.

[133] Yamaguchi H, Ohira Y, Kogure K, et al. Undrained shear characteristics of normally consolidated peat under triaxial compression and extension conditions[J]. Soils and Foundations, 1985, 25(3): 1-18.

[134] 梁庆国, 赵磊, 安亚芳, 等. 兰州 Q_4 黄土各向异性的初步研究[J]. 岩土力学, 2012, 33(1): 17-24.

[135] Lo K Y. Stability of slopes in anisotropic soils[J]. Journal of the Soil Mechanics and Foundations Division, 1965, 91(4): 85-106.

[136] 梁令枝. 考虑土体固有各向异性的三轴和直剪试验的研究[C]. 全国结构工程学术会议, 2010.

[137] 龚晓南. 软粘土地基各向异性初步探讨[J]. 浙江大学学报, 1986, 20(4): 98-111.

[138] 王洪瑾, 张国平, 周克骥. 固有和诱发各向异性对击实粘性土强度和变形特性的影响[J]. 岩土工程学报, 1996, 18(3): 1-10.

[139] 袁聚云, 杨熙章, 赵锡宏, 等. 上海软土各向异性性状的试验研究[J]. 大坝观测与土工测试, 1996, 20(2): 10-15.

[140] Elsayed A A. The characteristics and engineering properties of peat in bogs[D]. Massachusetts: University of Massachusetts Lowell Department of Civil and Environmental Engineering, 2003.

[141] Yamada Y, IsHiHARA K. Anisotropic deformation characteristics of sand under three dimensional stress conditions[J]. Soils and Foundations, 1979, 19(2): 79-94.

[142] Mitchell J K, Soga K. Fundamentals of Soil Behavior[M]. Hoboken, NJ: John Wiley & Sons, 2005.

[143] 方坤斌, 李卫超, 杨敏. 有机质相压缩变形对泥炭土固结特性影响[J]. 岩土工程学报, 2017, 39(S2): 194-198.

[144] 刘侃, 杨敏. 泥炭土的概念模型和一维固结理论分析[J]. 水利学报, 2015, 46(S1): 225-231.

[145] 刘飞, 佴磊, 吕岩, 等. 分解度对草炭土结构特征及强度的影响试验[J]. 吉林大学学报(地球科学版), 2010, 40(6): 1395-1401.

[146] 吕岩. 吉林省东部地区沼泽草炭土的结构特性及模型研究[D]. 长春: 吉林大学, 2012.

[147] Price J S, Cagampan J, Kellner E. Assessment of peat compressibility: is there an easy way?[J]. Hydrological Processes, 2005, 19: 3469-3475.

[148] Choo H, Bate B, Burns S E. Effects of organic matter on stiffness of overconsolidated state and anisotropy of engineered

organoclays at small strain[J]. Engineering Geology, 2015, 184: 19-28.

[149] O'Kelly B C, Orr T L L. Briefing: Effective-stress strength of peat in triaxial compression[J]. Geotechnical Engineering, 2014, 167(GE5): 417-420.

[150] 蔡建, 蔡继峰. 土的抗剪真强度探索[J]. 岩土工程学报, 2011, 33(6): 934-939.

[151] Landva A O, Korpijaakko E O, Pheeney P E. Geotechnical classfication of peats and organic soils[J]. Testing of Peats and Organic Soils, ASTM STP 820, 1983: 37-51.

[152] Kovalenko N P, Anisimov N N. Investigation of the shear strength of peats[J]. International Journal of Rock Mechanics and Mining Sciences, 1977, 14(1): 36-38.

[153] 蔡建. 原状土的抗剪强度研究[J]. 岩土力学, 2012, 33(7): 1965-1971.

[154] 黄芳. 自重应力状态下超固结条件下直剪试验结果探讨[J]. 地下水, 2012, 34(4): 176-186.

[155] 盛志强, 滕延京. 考虑应力历史的饱和土抗剪强度测试方法探讨[J]. 岩土力学, 2014, 35(S2): 108-113.

[156] 陈仲颐, 周景星, 王洪瑾. 土力学[M]. 北京: 清华大学出版社, 1994.

[157] 曾玲玲, 洪振舜, 陈福全. 压缩过程中重塑黏土渗透系数的变化规律[J]. 岩土力学, 2012, 33(5): 1286-1292.

[158] Tavenas F, Leblond P, Jean P, et al. The permeability of natural soft clays. Part I: Methods of laboratory measurement[J]. Canadian Geotechnical Journal, 1983, 20: 629-644.

[159] Kozeny J. Uber kapillare leitung der wasser in boden[J]. Royal Academy of Science, Vienna, Proc. Class I, 1927, 136: 271-306.

[160] Carman P C. Flow of Gases Through Porous Media[M]. London: Butterworths Scientific Publications, 1956.

[161] Taylor D W. Fundamentals of Soil Mechanics [M]. New York: John Wiley and Sons Inc. , 1948.

[162] Samarasinghe A M, Huang Y H, Drnevich V P. Permeability and consolidation of normally consolidated soils[J]. Journal of Geotechnical Engineering, 1982, 108(6): 835-850.

[163] Mesri G, Olson R E. Mechanisms controlling the permeability of clays [J]. Clay and Clay Minerals, 1971, 19(3): 151-158.

[164] 刘维正, 石名磊, 缪林昌. 天然沉积饱和黏土渗透系数试验研究与预测模型[J]. 岩土力学, 2013, 34(9): 2501-2514.

[165] 谢康和, 郑辉, Leo J C. 软黏土一维非线性大应变固结解析理论[J]. 岩土工程学报, 2002, 24(6): 680-684.

[166] 谢康和, 齐添, 胡安峰, 等. 基于 GDS 的黏土非线性渗透特性试验研究[J]. 岩土力学, 2008, 29(2): 420-424.

[167] Tavenas F, Jean P, Leblond P, et al. The permeability of natural soft clays, Part II: Permeability characteristics [J]. Canadian Geotechnical Journal, 1983, 20(4): 645-660.

[168] Mesri G, Olson R E. Consolidation characteristics of montmorillonite[J]. Geotechnique, 1971, 21(4): 341-352.

[169] Mesri G. Permeability characteristics of soft clays[C]. Proc. 13th int. Conf. on Soil Mechanics and Foundation Engineering, 1994.

[170] Mesri G, Rokhsar A, Bohor B F. Composition and compressibility of typical samples of Mexico city clay[J]. Géotechnique, 1975, 25(3): 527-554.

[171] Babu G L S, Pandian N S, Nagaraj T S. A reexamination of the permeability index of clays[J]. Canadian Geotechnical Journal, 1993, 30(1): 187-191.